中等职业教育国家规划教材
全国中等职业教育教材审定委员会审定
中等职业教育农业部规划教材

# 养殖场环境卫生与控制

## 第二版

张玲清 主编

中国农业出版社

# 内 容 简 介

本教材以毕业生应职岗位（岗位群）必需的岗位知识和技能为主线，按照"项目导向、任务驱动"的教学方法，基于工作过程设定了养殖场规划设计、养殖场设施设备、畜禽舍环境调控、养殖场环境管理与污染控制4个学习项目、20个任务。具体编写结构以工作项目为基础，在编写体例上，分别设知识目标、技能目标和学习任务3个教学组织单元。每个学习任务均为一个独立的技术工作过程，包括知识信息、技能训练、任务评价，并渗透了行业的技术规范或标准。这种编排设计既利于教师和学生按照"产教融合、校企合作"的基本要求，开展诸如集中讲授、岗位操练、分析讨论、学习评估和自主学习等灵活多样的教学方法，又便于教师和学生在生产实践中，开展"做中学、学中做"的技能训练活动，符合现代职业教育培养技术技能型人才的基本要求。

本教材图文并茂、通俗易懂，职教特色明显，既可作为教师和学生开展"工学结合"教学模式的特色教材，又可作为企业技术人员的培训教程，还可作为广大畜牧兽医工作者短期培训、技术服务和继续学习的参考用书。

## 第二版编审人员名单

**主　编**　张玲清（甘肃畜牧工程职业技术学院）

**副主编**　王利刚（江苏农牧科技职业学院）

**编　者**（按姓名笔画排序）

　　　　　王利刚（江苏农牧科技职业学院）

　　　　　刘　卫（广西柳州畜牧兽医学校）

　　　　　张玲清（甘肃畜牧工程职业技术学院）

　　　　　赵改珍（山西省畜牧兽医学校）

　　　　　潘越博（甘肃畜牧工程职业技术学院）

**审　稿**　杨孝列（甘肃畜牧工程职业技术学院）

　　　　　张子军（安徽农业大学）

# 第一版编审人员名单

主　　编　赵旭庭（江苏畜牧兽医职业技术学院）

编　　者　赵旭庭（江苏畜牧兽医职业技术学院）

　　　　　冯春霞（甘肃省畜牧学校）

　　　　　李　玉（广西农业学校）

　　　　　韦建强（江苏省宜兴市兽医站）

审　　稿　冀行健（贵州省畜牧兽医学校）

---

**责任主审**　汤生玲

审　　稿　李蕴玉　宋金昌

# 中等职业教育国家规划教材出版说明

为了贯彻中共中央、国务院《关于深化教育改革全面推进素质教育的决定》精神，落实《面向21世纪教育振兴行动计划》中提出的职业教育课程改革和教材建设规划，根据教育部关于《中等职业教育国家规划教材申报、立项及管理意见》（教职成［2001］1号）的精神，我们组织力量对实现中等职业教育培养目标和保证基本教学规格起保障作用的德育课程、文化基础课程、专业技术基础课程和80个重点建设专业主干课程的教材进行了规划和编写，从2001年秋季开学起，国家规划教材将陆续提供给各类中等职业学校选用。

国家规划教材是根据教育部最新颁布的德育课程、文化基础课程、专业技术基础课程和80个重点建设专业主干课程的教学大纲（课程教学基本要求）编写，并经全国中等职业教育教材审定委员会审定。新教材全面贯彻素质教育思想，从社会发展对高素质劳动者和中初级专门人才需要的实际出发，注重对学生的创新精神和实践能力的培养。新教材在理论体系、组织结构和阐述方法等方面均做了一些新的尝试。新教材实行一纲多本，努力为教材选用提供比较和选择，满足不同学制、不同专业和不同办学条件的教学需要。

希望各地、各部门积极推广和选用国家规划教材，并在使用过程中，注意总结经验，及时提出修改意见和建议，使之不断完善和提高。

教育部职业教育与成人教育司<br>
2001年10月

# 第二版前言

为了认真贯彻落实《教育部关于加快发展中等职业教育的意见》《国家中长期教育改革和发展规划纲要（2010—2020 年）》，教职成［2012］9 号《关于"十二五"职业教育教材建设的若干意见》等政策文件精神，完善现代职业教育"产教融合、校企合作"的人才培养机制，发挥教材建设在提高人才培养质量中的基础性作用，切实做到专业建设与产业需求对接、课程内容与职业标准对接、教学过程与生产过程对接，我们在认真调研分析的基础上，按照系统培养技术技能人才的目标要求，确定开发基于"工作过程和职业标准"的中职教育特色教材，以更好地适应现代职业教育培养技术技能型人才的要求。

为了更好地体现现代职业教育"工学结合、校企合作、顶岗实习"的人才培养模式，强化教学过程的实践性、开放性和职业性，本教材基于"工作过程和职业岗位"设定教学内容，基于"项目导向和任务驱动"设计教学方法，并在项目指导下分别设知识目标、技能目标和学习任务 3 个教学组织单元。每个学习任务均为一个独立的技术工作过程，以知识信息、技能训练、任务评价为主要内容设计教学情境，进而提出任职岗位所需要的知识和技能，充分体现了以学生为主体，以能力为本位的人才培养特色，利于学生职业能力的培养。

本教材由张玲清任主编并统稿，负责编写技能训练、任务评价、项目一中的任务 4、项目三中的任务 5 及项目四中的任务 6；刘卫编写项目一中的任务 1～3；王利刚编写项目二；潘越博编写项目三中的任务 1～4；赵改珍编写项目四中的任务 1～5。全书由杨孝列、张子军审稿。

本教材图文并茂、通俗易懂，职教特色明显，既可作为教师和学生开展"产教融合、校企合作"人才培养模式的特色教材，又可作为企业技术人员的培训教材，还可作为广大畜牧兽医工作者短期培训、技术服务和继续学习的参考用书。

由于编写项目课程教材尚为初次尝试，加之编写人员水平有限，教材一定存在诸多问题及不当之处，恳请读者批评指正。

编　者<br>2015 年 10 月

# 第一版前言

依据《关于全面推进素质教育深化中等职业教育教学改革的意见》《中等职业学校农林类重点建设养殖专业整体教学改革方案》，以及中等职业学校《养殖场环境卫生与控制》教学大纲的要求，编写了这本能力教育体系的教材，供三年制养殖专业学生使用。

本教材采用模块式，每课内容由目标、资料单、技能单和评估单4部分组成，以能力为本位，以应职岗位需要为准绳，突出了职业教育的特色，打破了以往教材的系统性，删减理论，强调实用性、针对性、先进性、实践性、指导性，面向生产，注意学生综合能力的培养，融技能和知识于一体。

尊重学生在教学过程中的主体地位，力求做到做中教，做中学，做中会。学习效果的评估可通过评估单实现，每课一评，当堂检查学生的学习效果，提高学生学习的积极性、主动性。

本课程是养殖专业的必修模块课程，其内容由气象因素与家畜的关系、禽舍卫生与控制、土壤、饲料及饮水卫生和养殖场设置与环境保护等4个单元构成，每单元由若干个分单元及课题组成。教学中，教师在准备教学内容的同时，要将备课的侧重点转移到教学资料的收集、教学手段和教学方法的改进上来。要注意培养学生自学能力、分析能力和现场操作能力。

本教材由赵旭庭主编，并编写第1、第2单元，李玉编写第3单元，冯春霞编写第4单元，韦建强编写第1单元的课题一。全书由冀行健高级讲师负责审定，最后由主编对全书进行了修正、定稿。

本教材在编写过程中参考了一些专家、学者编撰的有关资料，在此谨表衷心感谢。本书的编写得到了北京农业职业学院、江苏畜牧兽医职业技术学院有关领导的支持，在此深表感谢。

由于编写时间仓促，编者水平有限，书中难免有错误、疏漏之处，敬请使用本教材的老师和同学提出宝贵意见。

编　者

2001年7月

# 目 录

中等职业教育国家规划教材出版说明
第二版前言
第一版前言

## 项目一　养殖场规划设计 ................................................................ 1
　任务 1　养殖场场址的选择 .............................................................. 1
　任务 2　养殖场建筑物规划布局 ........................................................ 7
　任务 3　畜禽舍建筑类型与结构 ........................................................ 16
　任务 4　畜禽舍建筑设计 .................................................................. 22

## 项目二　养殖场设施设备 .................................................................. 35
　任务 1　饲养设备 ............................................................................. 35
　任务 2　喂饲机械设备 ..................................................................... 41
　任务 3　供水设备 ............................................................................. 45
　任务 4　清粪设备 ............................................................................. 47
　任务 5　环境控制设备 ..................................................................... 49

## 项目三　畜禽舍环境调控 .................................................................. 55
　任务 1　畜禽舍光照调控 .................................................................. 55
　任务 2　畜禽舍温度调控 .................................................................. 67
　任务 3　畜禽舍湿度调控 .................................................................. 79
　任务 4　畜禽舍通风换气调控 ........................................................... 87
　任务 5　畜禽舍空气质量调控 ........................................................... 98

## 项目四　养殖场环境管理与污染控制 ................................................ 105
　任务 1　饲料污染与控制 .................................................................. 105
　任务 2　饮水污染与控制 .................................................................. 112
　任务 3　恶臭、蚊蝇、鼠害污染与控制 ............................................. 119
　任务 4　养殖场环境消毒与防疫 ....................................................... 122
　任务 5　养殖场废弃物的处理与利用 ................................................ 129
　任务 6　养殖场环境卫生调查与评价 ................................................ 136

## 附录 ······················································································································· 139

### 附录1　畜禽养殖业污染防治技术规范 ·························································· 139
### 附录2　畜禽养殖业污染物排放标准 ······························································ 142
### 附录3　养殖场环境污染控制技术规范 ·························································· 145
### 附录4　养殖场环境质量标准 ·········································································· 149
### 附录5　养殖场环境质量及卫生控制规范 ······················································ 151
### 附录6　无公害食品　畜禽饮用水水质（节选）············································ 156
### 附录7　全国部分地区建筑朝向表 ·································································· 157

## 主要参考文献 ·········································································································· 159

# 项目一　养殖场规划设计

**知识目标**　掌握养殖场选址的原则与条件，养殖场功能区划分与规划布局；了解畜禽舍的建筑类型及其畜禽舍结构设计的基本方法。

**技能目标**　能正确评价场址选择与规划布局是否合理。

**学习任务**

## >>> 任务1　养殖场场址的选择 <<<

### 知识信息

养殖场是集中组织畜禽生产和经营活动的场所，是畜禽进行生产的重要外界环境条件。场址选择不仅影响到养殖场场区小气候、兽医卫生防疫要求，也关系到养殖场的生产经营以及养殖场和周围环境的关系。养殖场场址选择要根据生产经营方式、生产特点、饲养管理方式及生产集约化程度等对地形地势、水源、土壤、气候条件以及城乡建设规划、卫生防疫、交通运输、供电供料、环保等条件进行综合考虑。但是，在实际工作中，场址选择受各种自然条件、社会条件、经济条件的限制，不可能做得面面俱到，但若主要环境卫生要求不能保证的情况下，绝对不能勉强设置，否则会造成极大的损失。

### 一、场址选择原则

养殖场场址选择是否合理，直接关系到投资与经营成果、公共安全与疫病防治，能否正常组织生产、提高劳动生产率、降低生产成本等。其原则主要有以下几个方面。

(1) 符合国家或地方农牧、环保等部门对区域规划发展的相关规定，且要保证面积充裕。

(2) 确保养殖场场区具有良好的小气候条件，有利于养殖场环境卫生调控。

(3) 便于各项卫生防疫制度的实施和废弃物的处理与利用。

(4) 便于合理组织生产、提高设备利用率和劳动生产效率。

### 二、场址选择的条件

#### (一) 自然条件

**1. 地形**　指场地形状、大小和地物（场地上的房屋、树林、河流、沟坎等）状况。

(1) 地形开阔。场地上原有房屋、树木、河流、沟坎等地物要少，可减少施工前清理场地的工作量或填挖土方量。

（2）地形整齐。要避免选择过于狭长或边角太多的场地，因为地形狭长，会拉长生产作业线和各种管线，不利于场区规划、布局和生产联系；而边角太多，则会使建筑物布局零乱，降低对场地的利用率，同时也会增加场界防护设施的投资。

（3）面积足够。场地面积应根据畜禽种类、规模、饲养管理方式、集约化程度和饲料供应情况等因素来确定。确定场地面积应本着节约用地的原则，不占或少占农田。但周围最好有相配套的农田、果园和鱼塘，能够消纳大部或全部粪水是最理想的。养殖场场地面积见表1-1。

表1-1 养殖场场区占地面积估算值

| 场别 | 饲养规模 | 占地面积（$m^2$/头或$m^2$/只） | 备注 |
| --- | --- | --- | --- |
| 奶牛场 | 100～400头成母牛 | 160～180 | 按成奶牛计 |
| 肉牛场 | 年出栏育肥牛1万头 | 16～20 | 按年出栏量计 |
| 种猪场 | 200～600头基础母猪 | 75～100 | 按基础母猪计 |
| 商品猪场 | 600～3 000头基础母猪 | 5～6 | 按基础母猪计 |
| 绵羊场 | 200～500只母羊 | 10～15 | 按成年种羊计 |
| 山羊场 | 200只母羊 | 15～20 | 按成年母羊计 |
| 种鸡场 | 1万～5万只种鸡 | 0.6～1.0 | 按种鸡计 |
| 蛋鸡场 | 10万～20万只 | 0.5～0.8 | 按种鸡计 |
| 肉鸡场 | 年出栏肉鸡100万只 | 0.2～0.3 | 按年出栏量计 |

**2. 地势** 指场地的高低起伏状况。养殖场场地应地势高燥、平坦，稍有坡度及排水良好，要避开低洼潮湿的场地，远离沼泽地。地势要向阳背风，确保场区小气候温热状况相对稳定。

地势高燥，有利于保持地面干燥，防止雨季洪水的冲击。至少应高出当地历史洪水线1～2m，地下水位在2m以下。场地平坦，最好有1％～3％坡度，便于场地排水，但场地坡度不宜过大，一般要求不超过25％，否则会加大建场施工工程量，而且也不利于场内运输。

**3. 土壤质地** 养殖场场地的土壤状况对畜禽影响很大，不仅影响场区空气、水质和植被的化学成分及生长状态，而且影响土壤的净化作用。适宜建场的土壤类型，应是透气、透水性强、容水量小、毛细管作用弱、导热性小、质地均匀、抗压性强、无污染、无地质化学环境性地方病的土壤。在壤土、沙土、黏土3种类型中，以壤土最为理想。

透气性和透水性不良、吸湿性大的土壤，当受粪尿等有机物污染后，往往在厌氧条件下进行分解，产生氨气（$NH_3$）和硫化氢（$H_2S$）等有害气体，使场区空气受到污染。潮湿的土壤也是病原微生物、寄生虫卵以及蝇蛆等存活和滋生的良好场所。吸湿性强、含水量大的土壤，因抗压性低，易使建筑物的基础变形，缩短建筑物的使用寿命，同时也会降低畜禽舍的保温隔热性能。

壤土由于沙粒和粉粒的比例适宜，兼具沙土和黏土的优点。既克服了沙土导热性强、热容量小的缺点，又弥补了黏土透气透水性差、吸湿性强的不足。壤土抗压性较好，膨胀性小，适合做养殖场的土壤。因地域差异土壤选择达不到要求时，需要在畜禽舍的设计、施工、使用和其他日常管理上，设法弥补当地土壤缺陷。

**4. 水源水质** 养殖场的水源要求水量充足，水质良好，便于防护和取用。

养殖场水源的水量，必须满足养殖场内的人、畜饮用和其他生产、生活用水，并应考虑消防、灌溉和未来发展的需要。人的生活用水一般每人每天按 20~40L 来计算，灌溉用水可以根据场区绿化、饲料种植情况确定。各种畜禽每日用水量见表 1-2。

**表 1-2　各种畜禽的每日需水量**

| 畜禽类别 | | 需水量（L） | 畜禽类别 | | 需水量（L） |
|---|---|---|---|---|---|
| 牛 | 泌乳牛 | 80~100 | 羊 | 成年羊 | 10 |
| | 公牛及后备牛 | 40~60 | | 羔羊 | 3 |
| | 犊牛 | 20~30 | 鸡 | 成年鸡 | 1 |
| | 肉牛 | 45 | | 雏鸡 | 0.5 |
| 猪 | 哺乳母猪 | 30~60 | 火鸡 | | 1 |
| | 公猪、空怀及妊娠母猪 | 20~30 | 鸭 | | 1.25 |
| | 断奶仔猪 | 5 | 鹅 | | 1.25 |
| | 育成育肥猪 | 10~15 | 兔 | | 3 |

作为养殖场水源应符合《生活饮用水卫生标准》（GB 5749—2006）（表 1-3）和《无公害食品　畜禽饮用水水质》（NY 5027—2008）（附录 6）。若水源水不符合饮用水卫生标准时，需经净化和消毒处理后使用。若水源水含有某些矿物性毒物，还需进行特殊处理，达到标准后方可使用。

**表 1-3　生活饮用水水质标准**

（引自 GB 5749—2006）

| 指标 | 项目 | 标准 |
|---|---|---|
| 感官性状指标 | 色 | ≤15°，并不得呈现其他颜色 |
| | 混浊度 | ≤3°，特殊情况不超过 5° |
| | 臭和味 | 不得有异臭、异味 |
| | 肉眼可见物 | 不得含有 |
| 化学指标 | pH | 6.5~8.5 |
| | 铝（mg/L） | 0.2 |
| | 铁（mg/L） | 0.3 |
| | 锰（mg/L） | 0.1 |
| | 铜（mg/L） | 1.0 |
| | 锌（mg/L） | 1.0 |
| | 氯化物（mg/L） | 250 |
| | 硫酸盐（mg/L） | 250 |
| | 溶解性总固体（mg/L） | 1 000 |
| | 总硬度（以碳酸钙计）（mg/L） | 450 |
| | 耗氧量（$COD_{Mn}$ 法，以 $O_2$ 计）（mg/L） | 3 |
| | 挥发性酚类（以苯酚计）（mg/L） | 0.002 |
| | 阴离子合成洗涤剂（mg/L） | 0.3 |

(续)

| 指标 | 项目 | 标准 |
|---|---|---|
| 毒理学指标 | 砷（mg/L） | 0.01 |
| | 镉（mg/L） | 0.005 |
| | 铬（六价）（mg/L） | 0.05 |
| | 硒（mg/L） | 0.01 |
| | 汞（mg/L） | 0.001 |
| | 铅（mg/L） | 0.01 |
| | 银（mg/L） | 0.05 |
| | 氟化物（mg/L） | 1.0 |
| | 氰化物（mg/L） | 0.05 |
| | 硝酸盐（以氮计）（mg/L） | 10 |
| | 氯仿（mg/L） | 0.06 |
| | 四氯化碳（mg/L） | 0.002 |
| | 溴酸盐（使用臭氧时）（mg/L） | 0.01 |
| | 甲醛（使用臭氧时）（mg/L） | 0.9 |
| | 亚氯酸盐（使用二氧化氯消毒时）（mg/L） | 0.7 |
| | 氯酸盐（使用复合二氧化氯消毒时）（mg/L） | 0.7 |
| 微生物指标[①] | 总大肠菌群（MPN，每100mL或CFU，每100mL） | 不得检出 |
| | 耐热大肠菌群（MPN，每100mL或CFU，每100mL） | 不得检出 |
| | 大肠埃希氏菌（MPN，每100mL或CFU，每100mL） | 不得检出 |
| | 菌落总数（CFU，每100mL） | 100个/mL |
| 放射性指标[②] | 总α放射性（Bq/L） | 0.5 |
| | 总β放射性（Bq/L） | 1 |

注：①MPN表示最可能数；CFU表示菌落形成单位。当水样检出总大肠菌群时，应进一步检验大肠杆菌或耐热大肠菌群；水样未检出总大肠菌群，不必检验大肠杆菌或耐热大肠菌群。②放射性指标超过指导值，应进行核素分析和评价，判定能否饮用。

5. 气候因素　气候状况不仅影响建筑物规划、布局和设计，而且会影响畜禽舍朝向、防寒与遮阳设施的设置，与养殖场防暑、防寒等日程安排也十分密切。因此，场址选择时，需要收集拟建地区气候气象资料以及常年气象变化、灾害性天气情况等，如平均气温、绝对最高气温、绝对最低气温、土壤冻结深度、降水量与积雪深度、最大风力，常年主导风向、风向频率及日照情况等，这些资料为选址和建造畜禽舍提供依据。

（二）社会条件

1. 地理位置　场址选择既要不影响城镇和乡村居民的生活生产，保护环境，又要不受外界环境对养殖场发展的制约。在城郊建场，距离大城市至少要20km，小城镇要10km。养殖场应选在远离自然保护区，水源保护区，工业、商业和居民聚居的地方，养殖场不能位于化工厂、屠宰场、制革厂等易造成环境污染的企业的下风向及附近。

**2. 卫生防疫要求** 场址选择应遵循公共卫生准则，使养殖场不影响周围环境，同时养殖场不受周围环境的污染。因此，养殖场与居民点及其他养殖场应保持一定的卫生间距，一般距其他养殖场、兽医机构、畜禽屠宰厂不小于 2km，距居民区不小于 3km，并且应位于居民区及公共建筑群常年主导风向的下风向。切忌在旧养殖场、屠宰场或生化制革厂等场地上重建养殖场，以免疫病的发生。

**3. 交通条件** 在选择场址时，既要考虑到交通方便，又要使养殖场与交通干线保持适当的间距。一般来说，场区距铁路、高速公路、交通干线不小于 1km，距一般道路不小于 0.5km，养殖场最好修建专用道路与主要公路相通。

**4. 供电条件** 养殖场必须具备可靠的电力资源。为了保证生产的正常进行，减少供电投资，应尽量靠近原有输电线路，缩短新线架设距离。通常，养殖场要求有二级供电电源。在三级以下供电电源时，则需自备发电机，以保证养殖场内供电的稳定可靠。

**5. 土地使用** 场址选择必须符合本地区农牧业生产发展总体规划、土地利用发展规划和城乡建设发展规划等用地要求。需遵守十分珍惜和合理利用土地的原则，不得占用基本农田，尽量利用荒地和劣地建场，确定场地面积应本着节约用地的原则。我国养殖场建筑物一般采取密集型布置方式，建筑系数一般为 20%～35%（建筑系数是指养殖场总建筑面积占场地面积的百分数）。远期工程可预留用地，也可随建随征。征用土地可按场区总平面设计图计算实际占地面积。

此外，新建场址周围应具备足够就地无害化处理粪尿、污水的场地和排污条件，还应考虑就近市场、饲料方便供应等因素，草食畜禽的青饲料尽量在当地供应或自行种植以降低成本。

---

### 小贴士　　养殖场建设场地距离要求

居民点下风处，避开污水、化工厂、屠宰场、制革厂等 1.5km。

养殖场一般距其他养殖场、兽医机构、畜禽屠宰厂不小于 2km，距居民区不小于 3km。

距离工厂一般不少于 300～500m，大型场不少于 1 000m。

一般来说，场区距铁路、高速公路、交通干线不小于 1km，距一般道路不小于 0.5km，非本场道路不小于 300m。

---

### 技能训练　　养殖场选址调查与评价

调研某养殖场，将相关信息填入表 1-4。

表 1-4　养殖场选址与评价

| 实训单位名称 | | 地址 | |
|---|---|---|---|
| 畜禽种类 | | 饲养头数 | |
| 养殖场建设审批批号 | | | |
| 法人资格/注册资金 | / | | |
| 当地平均温度（℃） | | 气温年较差 | | 气温日较差 | |

(续)

| 土壤冻结深度（m） | | | | 年降水量/积雪深度 | | / | |
|---|---|---|---|---|---|---|---|
| 常年主导风向 | | | | 主风向频率 | | 最大风力 | |
| 日照时间/光照度（h，lx） | | | 夏季： | / | 冬季： | / | |

| | | | | | | |
|---|---|---|---|---|---|---|
| 自然条件 | 地势 | 地面坡度/总坡度（%） | / | 地下水位 | | |
| | | 当地水文资料 | | 地势高度 | | |
| | | 总体设计 | | （查看设计资料） | | |
| | 地形 | 场地形状 | （绘图，说明设计面积和地物状况，可另附页） | | | |
| | | 设计面积（m²） | | 发展规划（m²） | | |
| | 水源 | 水源类型 | | 水量情况 | | |
| | | 水质标准 | | 水价（元） | | |
| | 土壤 | 土壤类型 | | 施工设计类型 | | |
| 社会条件 | 卫生防疫 | 是否新农村规划 | | 距离居民区（m） | | |
| | | 是否养殖小区 | | 场区距离（m） | | |
| | | 有无污染源（若有，请说明） | | | | |
| | 交通运输 | 主要交通干线（包括公路、铁路等） | | | | |
| | | 距交通干线（m） | | | | |
| | 供电条件 | 供电距离（m） | | 是否专线/级别 | / | |
| | | 负荷（kW） | | 是否备用发电设备 | | |
| | 饲草饲料 | 当地主要饲草料（列举） | | | | |
| | | 有无饲料企业 | | | | |
| 环境评定 | 土地使用批文 | | | 建筑系数（%） | | |
| | 绿化面积（m²） | | 林带面积（m²） | | 贮粪池大小（m²） | |
| | 有无粪污处理设备（若有，请说明） | | | | | |
| | 农业用地/有机肥使用情况 | | | | | |

| 综合评定 | 评价依据： |
|---|---|
| | 评价结论： |
| | 评价人：_____ 日期：____年___月___日 |
| 教师评价 | （根据表中调查内容的准确性和学生学习态度、团队配合能力、社会观察能力和实践能力综合评定。） |
| | 指导教师姓名：_____ 日期：____年___月___日 |

## 任务评价

### 一、填空题

1. 选址养殖场地址时，应考虑的自然条件有_____、_____、_____、_____，社会条件有_____、_____、_____和_____。
2. 养殖场一般距离小城镇至少_____ km，距离大城镇至少_____ km；距离居民点不小于_____ km。
3. 养殖场场选址时对地势坡度的要求一般为_____，山区建场坡度最大不超过_____。

### 二、简答题

1. 养殖场场址选择的原则有哪些？
2. 土壤的质地有几种类型，各有什么优缺点？
3. 养殖场场址选择时对地势、地形、水源有哪些要求？
4. 什么是建筑系数？养殖场建筑系数一般为多大较适宜？
5. 养殖场场区面积如何确定？

# 任务2 养殖场建筑物规划布局

## 知识信息

完成养殖场场址选择后，根据场地的地形、地势和当地主风向，有计划地安排养殖场不同建筑功能区、道路、排水、绿化等地段的位置。根据场地规划方案和工艺设计对各种建筑物的规定，合理安排每栋建筑物和各种设施的位置、朝向和相互之间的距离，进行养殖场总体平面设计。

### 一、养殖场规划布局原则

养殖场规划布局是否合理，直接关系到能否正常组织生产，提高劳动生产率，降低生产成本，提高养殖场生产的经济效益。其原则主要有以下5点。

(1) 根据地势和当地全年的主风向，按功能分区，合理布置各种建筑物。
(2) 因地制宜，合理利用原有地形地物，降低成本。
(3) 规划布局满足生产工艺流程的要求，便于严格执行各项卫生防疫制度和措施，保证正常的生产，提高劳动效率。
(4) 全面考虑畜禽粪尿和养殖场污水的处理和利用，利于环保。
(5) 考虑养殖场的长远发展，在规划时留有余地，对生产区的规划更应注意。

### 二、养殖场功能分区

为便于管理和防疫，通常将养殖场分为管理区、辅助生产区、生产区、隔离区（粪便、尸体处理区）4个功能区，规划应考虑人畜健康，并有利于组织生产、环境保护，考虑地势和当地全年主风向，合理安排各区位置（图1-1）。养殖场功能区布局合理，可减少或防止养殖场产生的不良气味、噪声及粪尿污水因风向和地面径流对居民生活环境和管理区工作环境造成的污染，并减少疫病蔓延的机会。

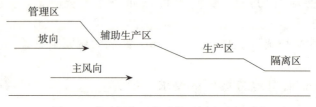

图1-1 养殖场各区依地势、风向配置示意

**1. 管理区** 管理区是养殖场从事经营管理活动的功能区，与社会环境具有极为密切的联系。包括行政和技术办公室、会议室、接待室、传达室、警卫值班室、水塔、宿舍、食堂、围墙和大门等。此区位置的确定，除考虑风向、地势外，还应考虑与外界联系方便的位置。养殖场大门设于该区，门前设车辆消毒池，两侧设门卫和消毒通道。有家属宿舍时，应单设生活区，生活区应在管理区上风向、地势较高处。

**2. 辅助生产区** 辅助生产区主要布置供水、供电、供热、设备维修、物资仓库、饲料贮存等设施，这些设施应靠近生产区的负荷中心布置。

**3. 生产区** 生产区是养殖场的核心，是从事畜禽养殖的主要场所，生产区主要布置各种畜禽舍和相应的挤奶厅、孵化厅、蛋库、剪毛间、药浴池、人工授精室、胚胎移植室、装车台等。生产区与其他区之间应用围墙或绿化隔离带严格分开，在生产区入口处设置第2次人员更衣消毒室和车辆消毒设施。这些设施都应设置两个出入口，分别与生活管理区和生产区相通。此区应设在养殖场的中心地带，规划时应考虑是从事畜禽育种、繁殖、幼畜培育到商品生产全过程，还是只从事畜禽生产的某一阶段或环节的生产，如繁殖或者育肥。大型养殖场应划分种畜禽、幼畜禽、育成畜禽、商品畜禽等小区，以便于管理和防疫。

以自繁自养的猪场为例，猪舍的布局根据主风向和地势由高到低的顺序，依次为种猪舍、分娩猪舍、保育猪舍、生长猪舍、育肥猪舍、采精室等。

生产区内与饲料有关的建筑物，如饲料调制、贮存间和青贮塔（壕），应设在生产区上风向和地势较高处，按照就近原则，与各畜禽舍及饲料加工车间保持最方便的联系。青贮塔（壕）的位置要便于青贮原料从场外运入，但要避免外面车辆进入生产区。

由于防火的需要，青贮、干草、块根块茎类饲料或垫草等大宗物料的贮存场地，应按照贮用合一的原则，布置在靠近畜禽舍的边缘地带生产区的下风向，并且要求排水良好，便于机械化作业，并与其他建筑物保持60m的防火间距。由于卫生防疫的需要，干草和垫草的堆放场所不但应与贮粪池、病畜禽隔离舍保持一定的卫生间距，而且要考虑避免场外运送干草、垫草的车辆进入生产区。

**4. 隔离区** 主要布置兽医室、病畜禽剖检室、隔离舍和养殖场废弃物的处理设施,该区应处于场区全年主风向的下风向和场区地势最低处，与生产区的间距应满足兽医卫生防疫要求，与畜禽舍保持300m以上的卫生间距。绿化隔离带、隔离区内部的粪便污水处理设施与其他设施也需有适当的卫生防疫间距。隔离区与生产区有专用道路相通，与场外有专用大门相通。

### 三、养殖场建筑物布局

养殖场建筑物布局就是合理设计各种房舍建筑物及设施的排列方式和次序，确定每栋建筑物和各种设施的位置、朝向和相互间距。布局是否合理，不仅关系到养殖场的生产联系和劳动效率，同时也直接影响场区和畜禽舍内的小气候状况及养殖场的卫生防疫。在养殖场布局时，要综合考虑各建筑物之间的功能联系、场区的小气候状况，以及畜禽舍的通风、采光、防疫、防火要求，同时兼顾节约用地、布局美观整齐等要求。

#### （一）建筑物的排列

养殖场建筑物通常应设计为东西成排、南北成列，尽量做到整齐、紧凑、美观。生产区内畜禽舍的布置，应根据场地形状、畜禽舍的数量和长度布置为单列、双列或多列（图1-2）。

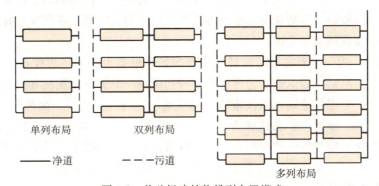

图1-2 养殖场建筑物排列布置模式

**1. 单列式** 单列式布置使场区的净、污道路分工明确，但道路和工程管线线路较长。适用于小规模和场地狭长的养殖场。

**2. 双列式** 双列式布置是各种养殖场最经济实用的布置方式，其优点是既能保证场区净、污道路分工明确，又能缩短道路和工程管线的长度。

**3. 多列式** 多列式布置适合大型养殖场使用，但应避免因线路交叉而引起互相污染。如果场地允许，应尽量避免将生产区建筑物布置成横向狭长或竖向狭长，因为狭长形布置势必造成饲料、粪污运输距离加大，管理和生产联系不便，道路、管线加长，建筑物投资增加，如将生产区按方形或近似方形布置，则可避免上述缺点。

#### （二）建筑物的位置

确定每栋建筑物和每种设施的位置时，主要根据它们之间的功能联系、工艺流程和卫生防疫要求加以考虑。

**1. 功能关系** 是指建筑物及各种设施之间，在畜禽生产中的相互关系。在安排其位置时，应将相互有关、联系密切的建筑物和设施靠近布置，以便于生产联系（图1-3）。

**2. 卫生防疫** 为便于卫生防疫，场地地势与当地主风向恰好一致时较易安排，管理区和生产区内的建筑物在上风向和地势高处，病畜管理区内的建筑物在下风向和地势低处。但这种情况并不多见，往往出现地势高处正是下风向的情况，此时，可利用与主风向垂直的对角线上的两"安全角"来布置防疫要求较高的建筑。例如，主风向为西北而地势南高北低时，场地的西南角和东北角均为安全角。养禽场的孵化室和育雏舍，对卫生防疫要求较高，因为孵化箱的温、湿度较高，是微生物的最佳培养环境；且孵化室排出的绒毛蛋壳、死雏常

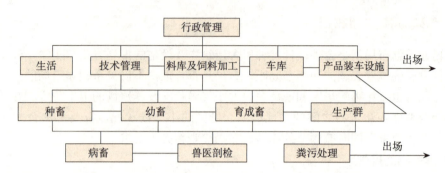

图 1-3 养殖场各类建筑物和设施之间的功能关系模式

污染周围环境。因此，对于孵化室的位置应主要考虑防疫，不能强调其与种鸡、育雏的功能关系。大型养禽场最好单设孵化场，小型养禽场也应将孵化室布置在防疫较好又不污染全场的地方，并设围墙或隔离绿化带。

**3. 工艺流程** 为便于畜禽群的转群和生产顺畅，根据生产工艺流程布置畜禽舍和其他设施。例如，某商品猪场的生产工艺流程是：种猪配种→妊娠→分娩哺乳→保育→育成→育肥→上市。因此，考虑各建筑物和设施的功能联系，应按种公猪舍、配种间、空怀母猪舍、妊娠母猪舍、产房、保育舍、育成猪舍、育肥猪舍、装猪台的顺序相互靠近设置。饲料调制、贮存间和贮粪池等与每栋猪舍都发生密切联系，其位置的确定应尽量使其至各栋猪舍的线路距离最短，同时要考虑净道和污道的分开布置及其他卫生防疫要求。

### （三）建筑物的朝向

**1. 根据日照确定建筑物朝向** 我国大陆地处北纬 20°～50°，太阳高度角冬季小、夏季大，夏季盛行东南风，冬季盛行西北风。因此，生产区畜禽舍朝向一般应以其长轴南向，或南偏东或偏西 15°以内为宜。这样的朝向，冬季可增加射入舍内的直射阳光，有利于提高舍温；而夏季可减少舍内的直射阳光，利于防暑。

**2. 根据通风、排污确定建筑物朝向** 场区所处的主风向直接影响畜禽舍的小气候。因此，可向当地气象部门了解本地风向频率图，结合防寒防暑要求，确定适宜朝向。如果畜禽舍纵墙与冬季主风向垂直，则通过门窗缝隙和孔洞进入舍内的冷风渗透量很大，对保温不利；如果纵墙与冬季主风向平行或形成 0°～45°夹角，则冷风渗透量大大减少，从而有利于保温（图 1-4）。如果畜禽舍纵墙与夏季主风向垂直，则畜禽舍通风不均匀，窗墙之间形成的旋涡风区较大；如果纵墙与夏季主风向形成 30°～45°夹角，则旋涡风区减少，通风均匀，有利于夏季防暑，排除污浊空气效果也好（图 1-5）。

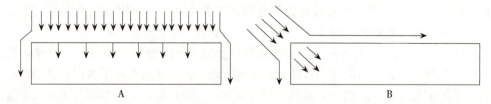

图 1-4 畜禽舍朝向与冬季冷风渗透量的关系
A. 主风与纵墙垂直，冷风渗透量大　B. 主风与纵墙成 0°～45°角，冷风渗透量小
（李震钟，《家畜环境卫生学附牧场设计》，1993）

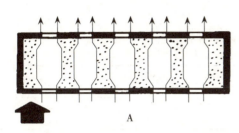
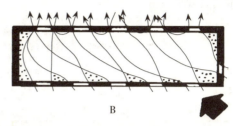

图 1-5 禽舍朝向与夏季舍内通风效果
A. 主风与纵墙垂直，舍内涡风区大　B. 主风与纵墙成 0°～45°角，舍内涡风区小
（蔡长霞，《畜禽环境卫生》，2006）

### （四）建筑物的间距

相邻两栋建筑物纵墙之间的距离称为间距。确定畜禽舍间距主要从日照、通风、防疫、防火和节约用地等多方面综合考虑。间距大，前排畜禽舍不影响后排光照，并有利于通风排污、防疫和防火，但增加养殖场的占地面积。因此，必须根据当地气候、纬度、地形、地势等情况，酌情确定畜禽舍适宜的间距。

**1. 根据日照确定畜禽舍间距**　为了使南排畜禽舍在冬季不遮挡北排畜禽舍日照，一般可按一年内太阳高度角最低的冬至日计算，而且应保证冬至 09：00～15：00 时这 6h 内使畜禽舍南墙满日照，这就要求间距不小于南排畜禽舍的阴影长度，而阴影长度与畜禽舍高度和太阳高度角有关。朝向为南向的畜禽舍，当南排舍高（一般按檐高计算）为 $H$ 时，要满足北排上述日照要求，在北纬 40°（如北京）地区，畜禽舍间距约为 $2.5H$，北纬 47°地区（黑龙江齐齐哈尔市）则需 $3.7H$。畜禽舍间距一般保持 $3H\sim4H$，就可以满足日照需求。在北纬 47°～53°的黑龙江和内蒙古地区，畜禽舍间距可酌情加大。

**2. 根据通风、防疫要求确定畜禽舍间距**　按通风要求确定畜禽舍间距时，应使下风向的畜禽舍不处于相邻上风向畜禽舍的涡风区内，这样，既不影响下风向畜禽舍的通风，又可使其免遭上风向畜禽舍排出的污浊空气的污染，有利于卫生防疫。畜禽舍的间距为 $3H\sim5H$ 时（图 1-6），可满足畜禽舍通风排污和卫生防疫要求。

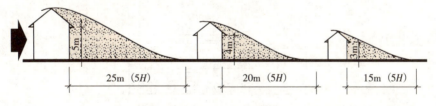

图 1-6 风向垂直于纵墙时畜禽舍高度与涡风区的关系

**3. 防火间距**　取决于建筑物的材料、结构和使用特点，可参照我国建筑防火规范。畜禽舍建筑一般为砖墙、混凝土屋顶或木质屋顶并做吊顶，耐火等级为二级或三级，防火间距为 6～8m。

综上所述，畜禽舍间距为畜禽舍檐高的 3～5 倍，可基本满足日照、通风、排污、防疫、防火等要求。每相邻两栋长轴平行的畜禽舍间距，无舍外运动场时，两平行侧墙的间距控制在 8～15m 为宜；有舍外运动场时，相邻运动场栏杆的间距控制在 5～8m 为宜。每相邻两栋畜禽舍端墙之间的距离不小于 15m 为宜。但畜禽舍的间距主要由防疫间距来决定，畜禽舍间距的设计见表 1-5。

表 1-5 畜禽舍防疫间距

(赵希彦,《畜禽环境卫生》, 2012)

| 类别 | | 同类畜禽舍（m） | 不同类畜禽舍（m） | 距孵化场（m） |
| --- | --- | --- | --- | --- |
| 祖代鸡场 | 种鸡舍 | 30～40 | 40～50 | 100 |
| | 育雏、育成舍 | 20～30 | 40～50 | 50 以上 |
| 父母代鸡场 | 种鸡舍 | 15～20 | 30～40 | 100 |
| | 育雏、育成舍 | 15～20 | 30～40 | 50 以上 |
| 商品鸡场 | 蛋鸡舍 | 10～15 | 15～20 | 300 以上 |
| | 肉鸡舍 | 10～15 | 15～20 | 300 以上 |
| 猪场 | | 10～15 | 15～20 | |
| 牛场 | | 10～15 | 15～20 | |

**案例** 北京某原种鸡场建筑物规划布局实例 北京某原种鸡场地处郊区平原地区，根据场地地势平整、边缘整齐、南北长、东西短的地形特点，结合该地区气候条件，场区的总体规划布局是北侧为生产区，布置原种鸡舍、测定鸡舍、育成鸡舍、育雏舍，采用单列式排列，西侧为净道，东侧为污道，最北端设临时粪污场。育雏舍单独置于生产区西侧，有道路和绿化隔离，南侧为办公和辅助生产区，设置孵化厅、消毒更衣室、办公室、库房、锅炉房等，对生产区和辅助区影响最小（图 1-7）。

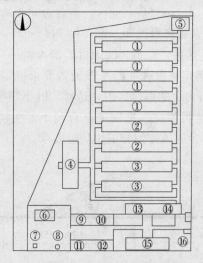

图 1-7 北京某原种鸡场平面图

1. 原种鸡舍 2. 测定鸡舍 3. 育成鸡舍 4. 育雏舍 5. 粪污场 6. 锅炉房 7. 水泵房 8. 水塔 9. 浴室 10. 维修室 11. 车库 12. 食堂 13. 孵化厅 14. 更衣消毒室 15. 办公楼 16. 门卫

**案例** 黑龙江某父母代猪舍总平面布局实例 黑龙江某父母代猪舍平面布置，该地区夏季主导风向为南风和西南风，冬季主导风为西北风。该场总体布局是南侧为主入口、门卫、选猪观察室、办公室和配电室等，选猪台位于东南角，外部选购人员和车辆不用进入场内；中部为生产区，猪舍采用双列式布置，中间为净道，东、西两侧为污道，东侧按生产工艺流程从南往北依次排列公猪舍、配种舍、母猪舍、仔猪舍及育成猪舍，西侧主要是育肥猪舍和预留发展用地；兽医室和病猪舍位于东侧不好利用的三角形地带（图1-8）。

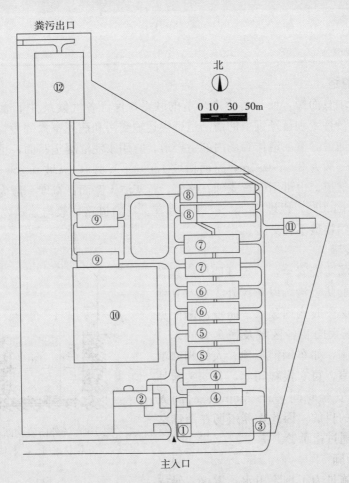

图1-8 某种猪舍平面图
1.门卫 2.办公楼 3.选猪舍 4.后备猪舍 5.仔猪舍 6.分娩舍
7.母猪舍 8.公猪舍及配种舍 9.育肥舍 10.预留发展用地 11.兽医室 12.贮粪池

## 四、养殖场的公共卫生设施

### （一）畜禽运动场

运动场应选在背风向阳的地方，一般利用畜禽舍间距，也可在畜禽舍两侧分别设置。如受地形限制，也可在场内比较开阔的地方单设运动场。在运动场的西侧及南侧，应设遮阳棚或种植树木，以遮挡夏季烈日。运动场围栏外应设排水沟。在集约化程度高的养殖场，为了提高饲养密度、减少建筑面积与占地，一般不设运动场。而畜禽的舍外运动能增强体质，提高抗病能力，尤其能改善种公畜的精液品质，提高母畜受胎率，促进胎儿正常发育，减少胎儿难产。因此，有必要给畜禽设置舍外运动场，特别是种用畜禽。运动场大小和围栏高度见表1-6。

表1-6 运动场大小和围栏高度

| 种类 | 乳牛 | 青年牛 | 带仔母猪 | 种公猪 | 生长猪与后备猪 | 羊 | 育成鸡 |
|---|---|---|---|---|---|---|---|
| 运动场面积（$m^2$/头或$m^2$/只） | 20 | 15 | 12～15 | 30 | 4～7 | 4 | 0.5～1.0 |
| 围栏或围墙高度（m） | 1.5 | 1.2 | 1.1 | 2.0～2.2 | 1.1 | 1.1 | 1.8 |

### （二）场内道路

场内道路要求直而短，便于各生产环节的联系，保证各气候条件下通车顺畅，防止扬尘。应分别有人员行走和运送饲料的清洁道、供运输粪污和病死畜禽的污物道及供畜禽产品装车外运的专用通道。清洁道作为场内的主干道，宜用水泥混凝土路面，也可用平整石块或条石路面。宽度一般为3.5～6.0m，路面横坡1.0%～1.5%，纵坡0.3%～8.0%为宜。污物道路面可同清洁道，也可用碎石或砾石路面，石灰渣土路面，宽度一般为2.0～3.5m，路面横坡为2.0%～4.0%，纵坡0.3%～8.0%为宜。场内道路一般与建筑物长轴平行或垂直布置，清洁道与污物道不宜交叉。

### （三）防护设施

为保证养殖场防疫安全，养殖场四周应建较高的围墙或坚固的防疫沟，以防场外人员及其他畜禽进入场区，必要时沟内放水。防疫沟断面见图1-9。在养殖场大门和各区域及畜禽舍的入口处，应设消毒设施，如车辆消毒池、人的脚踏消毒槽或喷雾消毒室、更衣换鞋间等，并安装紫外线灭菌灯，强调安全时间（3～5min），时间太短，达不到消毒的目的，因此，养殖场在消毒室内最好安装定时通过指示铃。

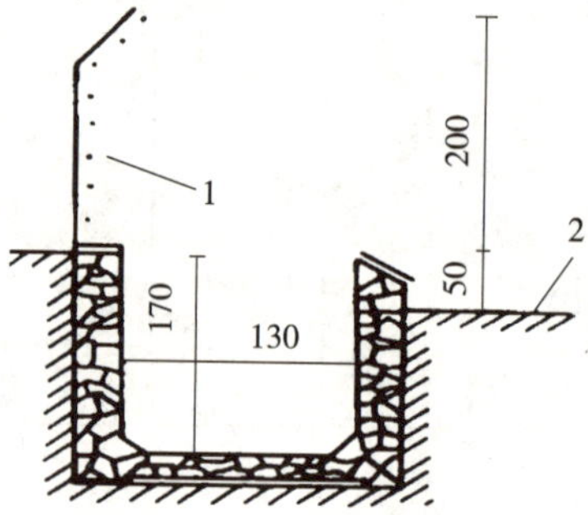

图1-9 场外防疫沟断面图（cm）
1. 铁丝网  2. 场地平地

### （四）排水设施

场区排水设施是为了排除雨水、雪水，保持场地干燥卫生。为减少投资，一般可在道路一侧或两侧设排水沟，沟壁、沟底可砌砖、石，也可将土夯实做成梯形或三角形断面。排水沟最深处不应超过30cm，沟底应有1%～2%的坡度，上口宽30～60cm。小型养殖场有条件时，也可设暗沟排水（地下水沟用砖、石砌筑或用水泥管），但不宜与舍内排水系统的管沟通用，以防泥沙淤塞，影响舍内排污，并防止雨季污水池满溢，污染周围环境。

### （五）贮粪池

贮粪池应设在生产区的下风向，与畜禽舍至少保持100m的卫生间距（有围墙及防护设备时，可缩小为50m），并便于运出。贮粪池一般深1m，宽9～10m，长30～50m。底部做成水泥池底。各种畜禽所需贮粪池的面积，可参考下列数据：牛2.5$m^2$/头，马2$m^2$/匹，羊0.4$m^2$/只，猪0.4$m^2$/头。

### （六）养殖场的绿化

养殖场植树、种草绿化，对改善场区小气候、防疫、防火具有重要意义，在进行场地规划时必须规划出绿化地，其中包括防风林、隔离林、行道绿化、遮阳绿化、绿地等。养殖场区绿化覆盖率应在30%以上，并在场外缓冲区建5~10m的环境净化带。

**1. 防风林** 应设在冬季上风向，沿围墙内外设置。最好是落叶树和常绿树搭配，高矮树种搭配，植树密度可稍大些，乔木行株距为2~3m，灌木绿篱行距为1~2m，乔木应棋盘式种植，一般种植3~5行。

**2. 隔离林** 主要设在各场区之间及围墙内外，夏季上风向的隔离林，应选择树干高、树冠大的乔木，如北京杨、柳或榆树等，行株距应稍大些，一般植1~3行。

**3. 行道绿化** 指道路两旁和排水沟边的绿化，起路面遮阳和排水沟护坡作用。靠路面可植侧柏、冬青等做绿篱，其外再植乔木也可在路两侧埋杆搭架，种植藤蔓植物，使上空3~4m处形成水平绿化。

**4. 遮阳绿化** 一般设于畜禽舍南侧和西侧，或设于运动场周围和中央，起到为畜禽舍墙、屋顶、门窗或运动场遮阳的作用。遮阳绿化一般应选择树干高、树冠大的落叶乔木，如北京杨、加拿大杨、辽杨、槐、枫等树种，以防夏季阻碍通风和冬季遮挡阳光。遮阳绿化也可以搭架种植藤蔓植物。

**5. 场地绿化** 是指养殖场内裸露地面的绿化，可植树、种花、种草，也可种植有饲用价值或经济价值的植物，如苜蓿、草坪、果树等。

## 技能训练　养殖场建筑物规划布局调查与评价

调研某养殖场建筑物规划布局，将相关信息填入表1-7。

表1-7　某养殖场建筑物规划布局方案设计与评价

| 实训单位名称 | | 地址 | |
|---|---|---|---|
| 畜禽种类 | | 饲养头数 | |
| 生产建筑设施 | | | |
| 辅助生产建筑设施 | | | |
| 生活管理建筑设施 | | | |
| 隔离区建筑设施 | | | |

养殖场建筑物规划布局方案设计（用绘图工具绘制某养殖场建筑物规划布局图，并粘贴于以下空白处）：

| 综合评定 | 评价依据： |
|---|---|
| | 评价结论： |
| | 评价人：_____　　日期：____年___月___日 |

| | (续) |
|---|---|
| 教师评价 | （根据表中内容的准确性和学生学习态度、团队配合能力、自学能力和实践能力综合评定。）<br><br>指导教师姓名：_____　　　　　日期：____年___月___日 |

### 任务评价

**一、填空题**

1. 养殖场按功能分为_____、_____、_____、_____四大区域。
2. 根据采光、通风和防疫，建筑物之间的间距一般为舍高（檐高）的_____倍，建筑物朝向一般以_____为好，可南偏东或西_____度为宜。
3. 若某地主风向为西北风、地势南高北低，则应将防疫要求高的建筑物布置在场地的_____角或_____角。
4. 畜禽舍的排列形式有_____、_____和_____式。
5. 养殖场大门口车辆消毒池的宽度一般与_____的宽度相同，长度为大车轮周长的_____倍，深度为_____cm。

**二、判断题**

1. 生产区是养殖场的核心区，应布置在养殖场的最上风向，地势最高。（　　）
2. 畜禽舍的间距越大越有利于防疫，但占地面积大。（　　）
3. 场内道路要求直而短，便于各生产环节的联系。（　　）
4. 贮粪池应设在生产区的下风向，与畜禽舍至少保持10m的卫生间距。（　　）
5. 养殖场区绿化覆盖率应在50%以上，并在场外缓冲区建5~10m的环境净化带。（　　）

**三、简答题**

1. 生产区内不同类型的畜禽舍应如何布置？
2. 养殖场建筑物规划布局的依据是什么？
3. 畜禽舍的排列形式有几种？各有什么特点？

## 任务3　畜禽舍建筑类型与结构

### 知识信息

畜禽舍小气候是指由于畜禽舍外围护结构及人畜的活动而形成的畜禽舍内空气的物理状况，主要指畜禽舍空气温度、空气湿度、光照、气流、空气质量等状况。畜禽舍小气候环境的好坏，主要受畜禽舍类型、畜禽舍建筑结构的保温隔热性能、通风、采光及畜禽舍环境调控技术等的影响。

## 一、畜禽舍建筑类型

畜禽舍类型按照外墙的严密程度可分为：开放舍、半开放舍、封闭舍3种类型（图1-10），封闭式畜禽舍又可分为有窗式、无窗式和联栋式。

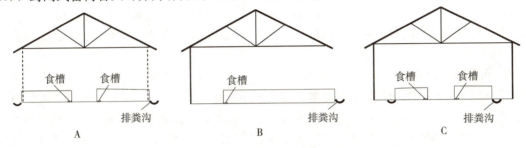

图1-10 畜禽舍类型
A. 开放舍　B. 半开放舍　C. 封闭舍

### （一）开放舍

开放舍也称敞棚、凉棚或凉亭畜禽舍，四面无墙或只有端墙，主要起到遮阳、避雨的作用。

**1. 特点**　开放舍夏季能隔绝太阳的直接辐射，四周敞开通风效果好，防暑效果比其他类型的畜禽舍好；冬季因没有墙壁阻挡寒风，对冷风的侵袭没有防御能力，防寒作用较差；开放式畜禽舍受舍外环境的影响较大，人工环境调控措施一般较难实施。

**2. 适用范围**　寒冷地区不能用作越冬舍，可做运动场上的凉棚或草料库；南方炎热地区也可用作成年畜禽舍。由于开放式畜禽舍用材少，施工简单，造价低，为了扩大其使用范围，克服其保温能力差的弱点，在畜禽舍南、北面设置隔热效果较好的卷帘，由机械传动升降，非常方便使用，夏季可全部敞开，冬季可完全闭合，结合一定的环境调控措施，使舍内的环境条件得到一定程度的改善。如简易节能开放型鸡舍、牛舍、羊舍，都属于这一类型。

### （二）半开放舍

半开放舍指三面有墙，正面全部敞开或有半截墙的畜禽舍。

**1. 特点**　通常敞开部分在南侧，因此冬季可保证有充足的阳光进入舍内，有墙部分冬季可起阻挡北风的作用，而在夏季南风可吹入舍内，有利于通风；半开放舍比开放式畜禽舍抗寒能力有所提高，但因舍内空气流动性比较大，舍温受外界影响也较大，很难进行畜禽舍环境的调控。

**2. 适用范围**　在寒冷地区，这种畜禽舍主要用于饲养各种成年畜禽，特别是耐寒能力强的牛、马、绵羊等；温暖地区也可用作产房或幼畜舍。生产中，为了提高此类畜禽舍的防寒能力，冬季可在开敞部分设双层或单层卷帘、塑料薄膜、阳光板形成封闭状态，可有效地改善畜禽舍内小气候环境。

### （三）封闭舍

封闭舍是指利用墙体、屋顶等外围护结构形成的全封闭状态的畜禽舍形式。由于其空间环境相对独立，便于进行人工环境调控。可分为有窗式畜禽舍、无窗式畜禽舍和联栋式畜禽舍 3 种。

**1. 有窗式畜禽舍**　是指利用墙体、窗户、屋顶等外围护结构形成全封闭状态的畜禽舍形式。其特点：具有较好的保温隔热能力，便于人工控制舍内环境条件；通风换气及采光主要依靠门、窗和通风管；可根据舍外环境状况，通过开闭窗户使舍内温、湿度及空气质量保持在较适宜的范围内；当舍外温度过高或过低时，可借助人工调控措施对舍内小气候环境进行控制。这类畜禽舍应用最为普遍。但由于窗户的保温隔热性能与墙体不同，窗户数量、面积、布置位置及选用的材料对舍内温度、采光、通风换气效果等有一定影响，因此，畜禽舍设计中应予以考虑。

**2. 无窗式畜禽舍**　无窗式畜禽舍的墙体上，一般没有窗户或只设少量的应急窗，舍内环境条件完全采用人工调控。这种畜禽舍的舍内环境稳定，基本不受外界环境的影响，自动化程度高，节省人工，生产效率高；舍内所有调控设备运行都必须依靠电力，一旦电力供应不能保证，将很难实现正常生产。无窗式畜禽舍比较适合于电力供应充足、电价便宜，劳动力昂贵的发达国家和地区。

**3. 联栋式畜禽舍**　是一种新形式畜禽舍，其优点是减少养殖场占地面积，缓解人畜争地的矛盾，降低养殖场建设投资。但要求管理条件高，必须具备良好的环境控制设施，才能使舍内保持良好的小气候环境，满足畜禽的生理、生产要求。

除上述几种畜禽舍形式外，还有大棚式畜禽舍、拱板结构畜禽舍、复合聚苯板组装式畜禽舍、太阳能畜禽舍等多种建筑形式。总之，畜禽舍的形式是不断发展变化的，新材料、新技术不断应用于畜禽舍，使畜禽舍建筑越来越符合畜禽对环境条件的要求。

在生产中，选择畜禽舍类型时，主要根据当地的气候条件和畜禽种类及饲养阶段来确定。一般热带气候区域选用开放式畜禽舍，寒带气候区选择有窗式畜禽舍，成年畜禽舍主要考虑防暑，幼畜禽舍主要考虑防寒。各种气候区域畜禽舍样式选择见表 1-8。

表 1-8　各气候区域畜禽舍种类

| 气候区域 | 1月平均气温（℃） | 7月平均气温（℃） | 建筑要求 | 畜禽舍种类 |
| --- | --- | --- | --- | --- |
| Ⅰ区 | −30~−10 | 5~26 | 防寒、保暖、供暖 | 封闭舍 |
| Ⅱ区 | −10~−5 | 17~29 | 冬季保温、夏季通风 | 封闭舍或半开放舍 |
| Ⅲ区 | −2~11 | 27~30 | 夏季降温 | 封闭舍、半开放舍或开放舍 |
| Ⅳ区 | 10以上 | 27以上 | 夏季降温、隔热、通风 | 封闭舍、半开放舍或开放式舍 |
| Ⅴ区 | 5以上 | 18~28 | 夏季降温、通风 | 封闭舍、半开放舍或开放式舍 |
| Ⅵ区 | 5~20 | 6~18 | 防寒 | 有窗式或无窗式 |
| Ⅶ区 | −29~−6 | 6~26 | 防寒 | 有窗式或无窗式 |

## 二、畜禽舍基本结构

畜禽舍建筑是控制和改善畜禽舍环境的基本手段，能为畜禽提供适宜的小气候环境。在进行畜禽舍建筑设计时，应充分考虑畜禽的生物学特点和行为习性。同其他建筑一样，畜禽舍由各部结构组成，包括基础、墙体、屋顶、地面、门窗等（图 1-11）。因为屋顶和外墙组成整个畜禽舍外壳将畜禽舍空间与外部空间隔开，所以也称外围护结构。畜禽舍小气候环境的调控效果，很大程度上取决于畜禽舍的建筑结构，尤其是外围护结构。

（一）地基和基础

地基和基础是整个建筑物的承重构件，保证畜禽舍坚固、耐久和安全。

**1. 地基** 地基是基础下面支撑整个建筑物的土层，可分为天然地基与人工地基两种。总荷载较小的简易畜禽舍或小型畜禽舍可直接建在天然地基上。天然

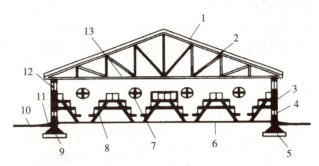

图 1-11　畜禽舍结构的主要组成部分
1. 屋面　2. 屋架　3. 砖墙　4. 地窗　5. 基础垫层　6. 室内地坪
7. 风机　8. 鸡笼　9. 基础　10. 室外地坪　11. 散水　12. 窗　13. 吊顶
（李震钟，《畜牧场生产工艺与畜舍设计》，2005）

地基土层必须坚实，组成一致，干燥，有足够的厚度，压缩性小而均匀，抗冲刷能力强，地下水位 2m 以下，并无侵蚀作用。

沙砾、碎石、岩性土层以及有足够厚度且不受地下水冲刷的沙质土层是良好的天然地基。黏土和黄土含水多时，土层较软，压缩性和膨胀性均大，如不能保证干燥，不适宜做天然地基。当地基的承载力较差时，必须通过人工、机械的手段使地基土层更加密实，从而达到提高地基承载力和平整地基的目的。在建筑畜禽舍时，大型养殖场由于占地面积较大，一般应尽量选用天然地基。

**2. 基础** 基础是指墙壁深入土层的部分，是墙的延伸部分。基础能将畜禽舍本身的重量及舍内所承载的畜禽、设备、屋顶积雪等的重量传给地基。墙和整个畜禽舍的坚固与稳定状况取决于基础。因此，要求基础应具备坚固、耐久、防潮、抗冻、抗震、抗机械作用强等性能。北方地区在膨胀土层修建畜禽舍时，应将基础埋置在土层最大冻结深度以下，以加强保温。重视基础的建设费用投入比例，一般混合结构畜禽舍基础造价占总建设造价的 10%～20%。

（二）墙壁

墙壁是畜禽舍外围护的主要结构，占畜禽舍总重量的 40%～65%，占畜禽舍总造价的 30%～40%，对密闭式畜禽舍内的温、湿度状况具有重要影响。据测定，冬季通过墙体散失的热量占整个畜禽舍总失热量的 35%～40%。因此，合理设计墙体和选择墙材对畜禽舍的保温、隔热、防潮以及降低畜禽舍造价十分重要。

新建畜禽舍多采用新型砌体和复合保温板。现代装配式标准化畜禽舍，结构构件多采用轻型钢结构，围护部分采用双层钢板中间夹聚苯板或岩棉等保温材料的板块，即彩钢复合板作为墙体，效果较好，还可以加快畜禽舍建造速度，降低造价。

墙体厚度依据热工设计确定，当砖外墙厚度≤24cm 时，梁下应设 37cm×37cm 砖垛或加混凝土柱。畜禽舍端墙（山墙）的厚度，一般不小于 37cm，隔墙在满足强度要求的前提下，可以薄一些，其余墙体厚度根据其是否起承重作用或保温隔热作用来确定。另外，外墙内表面一般用白灰水泥砂浆粉刷，以利于保温和提高舍内光照度，并便于消毒。猪、牛、羊舍的墙体应该做 1.2～1.5m 高的水泥砂浆墙裙，以防止粪尿、污水对墙角的侵蚀，并防止畜禽弄脏墙面。这些措施对于加强墙的坚固性、防止水汽渗入墙体、提高墙的保温性均有重要作用。

### (三)屋顶与天棚

**1. 屋顶** 屋顶是畜禽舍上部的外围护结构,对于畜禽舍冬季的保温和夏季的隔热防暑都具有重要的意义。要求排水流畅,不漏水,保温和隔热性能好;尽量缩小屋顶面积,选用保温隔热好的材料。屋顶由屋面和屋架组成,屋面的设计和建材的选用首先应考虑排水和防漏问题;屋顶的形式与所选用的屋面材料相匹配,选用抗渗透好的材料做屋面坡度可小一些,用瓦做屋面坡度宜大些。

屋顶形式种类繁多,常用的形式和结构特点见表1-9和图1-12。

表1-9 不同类型屋顶特点

| 屋顶类型 | 结构特点 | 优点 | 缺点 | 适用范围 |
| --- | --- | --- | --- | --- |
| 单坡式屋顶 | 以山墙承重,屋顶只有一个坡向,跨度较小,一般为南墙高而北墙低 | 结构简单,造价低廉,既可保证采光,又缩小了北墙面积和舍内容积,有利于保温 | 净高较低不便于工人在舍内操作,前面易刮进风雪 | 适用于单列舍和较小规模的畜群 |
| 双坡式屋顶 | 是最基本的畜禽舍屋顶形式,屋顶两个坡向,适用于大跨度畜禽舍 | 结构合理,同时有利保温和通风且易于修建,比较经济 | 如设天棚,则保温隔热效果更好 | 适用于较大跨度的畜禽舍和各种规模的不同畜群 |
| 联合式屋顶 | 与单坡式基本相同,但在前缘增加一个短椽,起挡风避雨作用 | 保温能力比单坡式屋顶大大提高 | 采光略差于单坡式屋顶畜禽舍 | 适用于跨度较小的畜禽舍 |
| 钟楼式和半钟楼式屋顶 | 在双坡式屋顶上增设双侧或单侧天窗 | 加强了通风和防暑 | 屋架结构复杂,用料特别是木料投资较大,造价较高,不利于防寒 | 多在跨度较大的畜禽舍采用,适用于气候炎热或温暖地区及耐寒怕热畜禽的畜禽舍 |

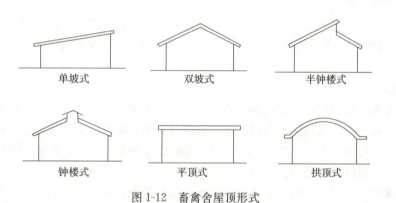

图1-12 畜禽舍屋顶形式

**2. 天棚** 又称顶棚、吊顶、天花板,是将畜禽舍檐高以下空间与屋顶下空间隔开的隔层。为了加强天棚的保温性能,可将保温材料(棉花、棉絮或锯末)放在棚面上。一栋8~10m跨度的畜禽舍,其天棚的面积几乎比墙的总面积大一倍;而18~20m跨度时,大2.5倍。冬季,双列式畜禽舍通过天棚失热可达36%,可见天棚对畜禽舍温度调控起着重要的作用。因此,天棚设计要求保温、隔热、不透水、不透气;结构简单、轻便、坚固耐用和有利于防火;要表面平滑、清洁,最好刷成白色,以增加舍内亮度。

畜禽舍内地面至天棚的高度,称为净高。在寒冷地区,适当降低净高有利保温;而在炎热地区，加大净高则是加强通风、缓和高温影响的有力措施。一般畜禽舍净高为：牛舍2.8m，猪舍和羊舍2.2～2.6m，马舍2.4～3.0m。笼养鸡舍净高需适当增加，五层笼养鸡舍净高需4m。

### (四) 地面

畜禽舍的地面是畜禽的畜床，畜禽的采食、饮水、休息、排泄等生命活动和一切生产活动，均在地面上进行。畜禽舍必须经常冲洗、消毒。除家禽外，猪、牛、马等有蹄类家畜对地面有破坏作用，而坚硬的地面易造成蹄部损伤和滑跌。畜禽舍地面质量的好坏，不仅影响舍内小气候与卫生状况，还会影响畜体及产品（奶、毛）的清洁度，甚至影响畜禽的健康和生产力。

**1. 畜禽舍地面应具备的基本要求**　畜禽舍地面应具备坚实、致密、平坦、有弹性、不硬、不滑；有足够的抗机械能力和耐各种消毒方式的能力；导热性小，不透水，易清扫和消毒；具有一定的坡度，保证粪尿及污水及时排除。

地面潮湿是畜禽舍空气潮湿的主要原因之一。在地面透水和地下水位高的地区，可使地面水渗入地下土层，导致地面导热能力增强，这样的地面冬季温度过低，容易导致畜禽受凉冻伤。因此，必须对地面进行防潮处理，常用的防潮材料有油毛毡加沥青等。

坚硬的地面易引起畜禽疲劳及关节水肿。地面太滑或不平时，易造成畜禽滑倒而引起骨折、挫伤及脱臼，且不利于清扫和消毒。

地面排水沟应有一定的坡度，以保证洗涤水及尿水顺利排走。牛舍和马舍地面的适宜坡度为1.0%～1.5%，猪舍为3%～4%。

**2. 畜禽舍地面的类型**　畜禽舍地面可分实体地面和漏缝地板两类。根据使用材料的不同，实体地面有素土夯实地面、三合土地面、砖地面、混凝土地面、沥青混凝土地面等；漏缝地板有混凝土地板、塑料地板、铸铁地板和金属网地板等。

在畜禽舍建筑中，混凝土地面除保温性能和弹性不理想外，其他性能均可符合畜禽生产要求，造价也相对较低，故被普遍采用。漏缝地板中混凝土漏缝地板保温和弹性差，在畜禽踩踏下缝隙边沿易被破坏，造成局部缝隙增大而伤及畜体的肢蹄；铸铁地板在长期的粪尿环境里易发生锈蚀；高强度的塑料地板各项性能都较好，在国外已大量使用，我国也已经有专业厂家生产。

不论哪种地面都很难同时具备所有要求。因此，修建符合要求的畜禽舍地面应设法补救：畜禽舍地面不同部位采用不同的材料，如畜床部位采用三合土、塑料板、木板，而在通道采用混凝土。

### (五) 门窗

**1. 门**　畜禽舍门要求满足生产人员和畜禽的自由出入，有足够的数量和大小；能保证生产过程的顺利进行，并考虑实行机械化生产时的可能性；能应急意外事故，如火灾、水灾等。畜禽舍门的类型由于畜禽品种、年龄、性别差异相当大，所以门的种类繁多。

畜禽舍门有内外之分，舍内分间的门和附属建筑通向舍内的门称内门，畜禽舍通向舍外的门称外门。内门根据需要设置，但外门要求每栋至少有两个，一般外门设在两端墙上，正对中央通道，保证畜禽进出，便于运入饲料和粪便的清除，同时保证实现机械化作业。其大小可根据作业特点和机械体积而定。在寒冷的地区，为加强门的保温，并可缓和舍内热能的外流，通常设门斗以防冷空气的直接侵袭。同时，门应向外开启，门上不应有尖锐突出物、门槛和台阶。为了防止雨水淌入舍内，畜禽舍地面一般应高出舍外地平面30cm。

畜禽舍的门一般宽为1.5～2.0m（羊舍2.5～3.0m），高为2.0～2.4m；供牛自动饲喂车通过的门其高度和宽度为3.2～4.0m。供畜禽出入的圈栏门高度常与隔栏的高度相同，其宽度一般为牛、马1.2～1.5m，猪0.6～0.8m，羊小群饲养为0.8～1.2m，大群饲养为2.5～3.0m，鸡为0.25～0.30m。供人出入的门（单扇门）一般宽0.9～1.0m，高度为2.0～2.4m；供人、畜、手推车出入的门（双扇门）一般宽1.2～2.0m，高度为2.0～2.4m。门斗的宽度应比门宽1.0～2.0m，其深度不应小于2.0m。

**2. 窗** 窗户的主要作用是保证畜禽舍的自然采光和自然通风。但由于窗户多设在墙壁和屋顶上，所以窗户的设置，对舍内的采光和保温隔热有较大的影响。

考虑到采光、通风和保温的矛盾，在窗户的设置上，对于寒冷地区必须兼顾。设置原则：在满足采光要求的前提下，尽量少设，以保证夏季通风和冬季的保温；在总面积相同时，大窗户比小窗户有利于采光；为保证畜禽舍的采光均匀，在墙上窗户应等距离分布，窗间墙壁的宽度不应大于窗宽的2倍；在窗户的形式方面，立式窗户比卧式窗户更有利于采光，但不利于保温。

## 任务评价

### 一、填空题

1. 常见的畜禽舍类型有_____、_____、_____。
2. 畜禽舍建筑中常见的屋顶类型有_____、_____、_____、_____、_____和_____。
3. 牛舍适宜的地面坡度为_____，猪舍为_____。
4. 为防止雨水流入畜禽舍，畜禽舍地面一般应高出舍外地平_____cm。

### 二、简答题

1. 畜禽舍基本结构由哪些部分组成？各自有哪些卫生要求？
2. 不同类型畜禽舍的小气候特点及适用地区是什么？
3. 畜禽舍地面设计应满足哪些要求？
4. 什么是畜禽舍的净高？畜禽舍的净高一般在什么范围内？
5. 简述漏缝地面与实体地面各自的优缺点。

## 任务4 畜禽舍建筑设计

### 知识信息

畜禽舍建筑设计是根据养殖场生产工艺的要求，制定的畜禽舍建设的蓝图，是在养殖场总体设计的基础上，根据工艺设计的要求，设计各种房舍的式样、尺寸、材料及内部布置等，绘制各种房舍的平面图、立面图和剖面图，必要时绘制用于表达房舍局部构造、材料、尺寸和做法的建筑详图。设计和建造畜禽舍，必须为畜禽创造适宜的环境，以提高畜禽的健康和生产力。

## 一、畜禽舍建筑设计原则

**1. 建筑形式和结构应突出畜禽生产特点**　多样化的畜禽品种要求多样化的畜禽舍建筑，畜禽舍建筑形式和结构设计应充分考虑畜禽的生物学特性和行为习性，为畜禽生长发育和生产创造适宜的环境条件，以确保畜禽健康和正常生产性能的发挥，满足畜禽福利需求。

**2. 符合畜禽生产工艺要求**　规模化畜禽场通常按照流水式生产工艺流程，进行高效率、高密度、高品质生产，这就使得畜禽舍建筑在建筑形式、建筑空间及其组合、建筑构造及总体布局上，与普通民用建筑、工业建筑有很大不同。而且，现代畜牧生产工艺因畜禽品种、年龄、生长发育强度、生理状况、生产方式的差异，对环境条件、设施与设备、技术要求等有所不同。因此，畜禽舍建筑设计应符合畜禽生产工艺要求，便于生产操作及提高劳动生产率，利于集约化经营与管理，满足机械化、自动化所需条件和留有发展余地。

**3. 便于各种技术措施的实施**　正确选择和运用建筑材料，根据建筑空间特点，确定合理的建筑形式、构造和施工方案，使畜禽舍建筑坚固耐久，建造方便。同时畜禽舍建筑要利于环境调控技术的实施，以便保证畜禽良好的健康状况和高产。

**4. 节约用地、就地取材降低工程造价**　为了节约用地，国外采用高层畜禽舍建筑，总体设施费用少，而且热损失少，辅助设施集中，便于使用和管理，发展高层畜禽舍建筑将是我国未来畜禽场建设的趋势。另外，应进行周密的计划和核算，根据当地的技术经济条件和气候条件，因地制宜、就地取材。尽量做到节省劳动力，节约建筑材料，减少投资。在满足先进的生产工艺前提下，尽可能做到经济实用。

**5. 符合总体规划和建筑美观要求**　畜禽舍是畜禽场总体规划的组成部分，应符合畜禽场总体规划的要求。建筑设计要充分考虑与周围环境的关系，如原有建筑物的状况、道路走向、场区大小、环境绿化、畜禽生产过程中对周围环境的污染等，使其与周围环境在功能和生产上建立最方便的关系。注意畜禽舍的形体、立面、色调等要与周围环境相协调，建造出朴素明朗、简洁大方的建筑形象。

## 二、畜禽舍建筑设计

畜禽舍建筑设计的主要内容有：畜禽舍类型和方位选择、畜禽舍平面设计、畜禽舍剖面设计、畜禽舍立面设计及其相应的设计说明。

### （一）选择畜禽舍类型和方位（见本项目中任务2、3）

### （二）畜禽舍面积确定依据

畜禽舍建筑面积应根据饲养规模、饲养方式（普通地面平养、漏缝地面平养、网养、笼养等）、自动化程度（机械或手工操作），结合畜禽的饲养密度标准（表1-10）或设备参数（表1-11）、采食宽度（表1-12）、通道设置标准（表1-13）等确定拟设计畜禽舍的建筑面积。

表1-10　畜禽每圈头数及每头所需地面面积

| 畜禽种类 | | 每圈适宜头数（头） | 所需面积（m²/头） |
| --- | --- | --- | --- |
| 牛 | 种公牛 | 1 | 3.3～3.5 |
| | 6月龄以上青年母牛 | 25～50 | 1.4～1.5 |
| | 成年母牛 | 50～100 | 2.1～2.3 |
| | 散放饲养乳牛 | 50～100 | 5～6 |

(续)

| 畜禽种类 | | 每圈适宜头数（头） | 所需面积（m²/头） |
|---|---|---|---|
| 猪 | 断奶仔猪 | 8～12 | 0.3～0.4 |
| | 后备猪 | 4～5 | 1 |
| | 空怀母猪 | 4～5 | 2.0～2.5 |
| | 孕前期母猪 | 2～4 | 2.5～3.0 |
| | 孕后期母猪 | 1～2 | 3.0～3.5 |
| | 设固定防压架的母猪 | 1 | 4 |
| | 带仔母猪 | 1～2 | 6～9 |
| | 育肥猪 | 8～12 | 0.8～1.0 |
| 鸡 | 0～6 周龄 | | 0.04～0.06 |
| | 7～20 周龄 | | 0.09～0.11 |
| | 成年鸡 | | 0.25～0.29 |
| | 网栅平养蛋鸡 | | 0.25～0.29 |

表1-11 部分鸡笼、猪栏定型产品尺寸

| 产品名称 | 型号 | 外形尺寸（长×深×高，mm） | 饲养量（只） |
|---|---|---|---|
| 育雏笼 | 9YCL | 3 062×1 450×1 720 | 600～1 000 |
| 育雏笼 | 9LYJ-4144 | 1 900×2 150×1 670 | 144 |
| | 9LYJ-3126 | 1 900×2 090×1 550 | 126 |
| 蛋鸡笼 | 9LJ1-396 | 1 900×2 178×1 585 | 96 |
| | 9LJ2-396 | 1 900×2 260×1 603 | 96 |
| | 9LJ2-348 | 1 900×1 155×1 603 | 38 |
| | 9LJ2-264 | 1 900×1 670×1 153 | 64 |
| | 9LJ2B-396 | 1 900×1 600×1 610 | 96 |
| | 9LJ3-390 | 2 000×2 260×1 603 | 90 |
| | 9LJ3-345 | 2 000×1 155×1 603 | 45 |
| | 9LJ34120 | 1 900×2 200×1 770 | 120 |
| 种鸡笼 | 9LZMJ-260 | 2 000×1 670×1 153 | 60 |
| | 9LZMJ-212 | 1 900×1 025×1 540 | 12 |
| | 9LZMJ-224 | 1 900×2 050×1 540 | 24 |
| | 9LZMJ-248 | 2 000×1 950×1 350 | 48 |
| | 9LZMJ-214 | 2 000×1 060×1 420 | 14 |
| | 9LZMJ-228 | 2 000×2 120×1 420 | 28 |
| 母猪产仔栏 | | 2 200×1 700×800 | |
| 仔猪保育栏 | | 1 800×1 700×735 | |

表 1-12　各类畜禽的采食宽度

| 畜禽种类 | | 采食宽度（cm/头或 cm/只） | 畜禽种类 | | 采食宽度（cm/头或 cm/只） |
|---|---|---|---|---|---|
| 牛 | 栓系饲养 | 30～50 | 蛋鸡 | | |
| | 3～6月龄犊牛 | 60～100 | | 0～4周龄 | 2.5 |
| | 青年牛 | 110～125 | | 5～10周龄 | 5 |
| | 散放饲养 | | | 11～20周龄 | 7.5～10.0 |
| | 成年乳牛 | 50～60 | | 20周龄以上 | 12～24 |
| 猪 | 20～30kg | 18～22 | 肉鸡 | | |
| | 30～50kg | 22～27 | | 0～3周龄 | 3 |
| | 50～100kg | 27～35 | | 3～8周龄 | 8 |
| | 自动饲槽、自由采食群养 | 10 | | 8～16周龄 | 12 |
| | 成年母猪 | 35～40 | | 17～22周龄 | 15 |
| | 成年公猪 | 35～45 | | 产蛋母鸡 | 15 |

表 1-13　畜禽舍纵向通道宽度

| 畜禽种类 | 通道用途 | 实用工具及操作特点 | 宽度（cm） |
|---|---|---|---|
| 牛舍 | 饲喂清粪及管理 | 用手工或推车饲喂精、粗、青饲料手推车清粪、放奶桶、放洗乳房的水桶 | 120～140<br>140～180 |
| 猪舍 | 饲喂清粪及管理 | 手推车饲喂清粪（幼猪舍窄、成年猪舍宽）、接产等 | 100～120<br>100～150 |
| 鸡舍 | 饲喂、捡蛋、清粪、管理 | 用特制手推车送料时，可采用一个通用车盘 | 80～90（笼养）<br>100～120（平养） |

### （三）畜禽舍宽度和长度的确定方法

畜禽舍宽度和长度的确定与畜禽舍所需的建筑面积有关，根据生产工艺要求、设备布置、平面布置形式、通道列数、饲养密度、饲养定额等加以确定。先确定畜栏、笼具或畜床等主要设备的尺寸。在设计时，如果养殖场计划采用工厂生产的畜栏、笼具定型产品，则可直接按定型产品的外形尺寸和排列方式计算其所占的总长度和跨度；如果不是则按每圈容畜禽头（只）数、畜禽占栏面积和采食宽度标准，确定栏圈的宽度（畜禽舍长度方向）和深度（畜禽舍跨度方向）。如饲槽沿畜禽舍长轴布置，首先需按采食宽度确定栏圈的宽度，猪栏尺寸的确定多采用此种方法。例如设计育肥猪栏，每栏头数按10头计，沿纵向饲喂通道布置食槽。由表1-12知，每头猪的采食宽度为27～35cm（取30cm）；由表1-13知，每头猪占栏面积为0.7～1.0m²（取0.9m²），则该猪栏宽度为3m，面积为9m²，故猪栏深为9m²÷3m＝3m。若猪栏采用自动饲槽，圈栏宽度可不受采食宽度限制。其次，考虑通道、粪尿沟、食槽、附属房间等设置，即可初步确定畜禽舍的净长度与净跨度。最后再加上两纵墙和两山墙的厚度，即可确定畜禽舍的占地面积。也可按设备参数确定畜禽舍长度与宽度。

### （四）外围护结构的设计

外围护结构设计合理与否，直接影响畜禽舍内的小气候状况。畜禽舍的外围护结构主要包括墙壁、屋顶、天棚、门、窗、通风口及地面等。外围护结构建筑设计时，应满足保温防寒、隔热防暑、采光照明、通风换气等要求，合理设计畜禽舍的墙壁、屋顶、天棚、地面的结构，门、窗、通风口的数量、尺寸和安装位置等。

### （五）畜禽舍平面设计

根据每栋畜禽舍的容畜禽头（只）数、饲养管理方式、当地气候条件等，合理安排和布置畜栏、笼具、通道、粪尿沟、食槽、附属用房等，并确定其平面尺寸。在此基础上计算出畜禽舍跨度、长度，绘出畜禽舍平面图。

**1. 畜栏或笼具的布置** 畜栏或笼具一般沿畜禽舍的长轴纵向排列，可分为单列式、双列式、多列式，排列数越多，畜禽舍跨度越大，梁或屋架尺寸也越大，且不利于自然采光和通风。但排列数多可以减少通道，节省建筑面积，并减少外围护结构面积，有利于保温。也可沿畜禽舍短轴（跨度）方向布置笼具，如笼养雏鸡、笼养兔舍等，这样自然采光和通风好，但会加大建筑面积。采用何种排列方式，需根据畜禽舍面积、建筑情况、人工照明、机械通风、供暖降温条件等来决定。

**2. 舍内通道的布置** 舍内通道包括饲喂道、清粪道和横向通道。饲喂道和清粪道一般沿畜栏平行布置，畜栏或笼具沿畜禽舍长轴纵向布置时，饲喂、清粪及管理通道也纵向布置，两者不应混用。横向通道与前两者垂直布置。纵向通道数量因饲养管理的机械化程度不同而异，机械化程度越高，通道数量越少。进行手工操作的畜禽舍，纵向通道的数量一般为畜栏或笼具列数加1。如果靠一侧或两侧纵墙布置畜栏或笼具，则可节省1～2条纵向通道，但这种布置方式使靠墙畜禽受墙面冷或热辐射影响较大，且管理也不太方便。在设计时应根据本场实际酌情确定。其宽度需根据用途、使用工具、操作内容等酌情而定（表1-13）。较长的双列式或多列式畜禽舍，每30～40m应设沿跨度方向的横向通道，其宽度一般为1.5m，牛舍、马舍为1.8～2.0m。

**3. 粪尿沟、排水沟及清粪设施的布置** 畜禽舍一般沿畜栏布置方向设置粪尿沟以排除污水，拴系饲养或固定栏架饲养的牛舍、马舍和猪舍，以及笼养的鸡舍和猪舍，因排泄粪尿位置固定，应在畜床后部或笼下设粪尿沟。

**4. 附属用房和设施布置** 畜禽舍一般在靠场区净道的一侧设值班室、饲料间等，有的幼畜禽舍需要设置热风炉房，有的畜禽舍在靠场区污道一侧设畜体消毒间等。这些附属用房，应按其作用和要求设计其位置及尺寸。大跨度的畜禽舍，值班室和饲料间可分设在南、北相对位置；跨度较小时，可靠南侧并排布置。真空泵房、青贮饲料和块根饲料间、热风炉房等，可以突出设在畜禽舍北侧。

### （六）畜禽舍剖面设计

畜禽舍的剖面设计主要解决垂直方向空间处理的有关问题，即确定畜禽舍各部位、各种构件及舍内的设备、设施的高度尺寸。

**1. 确定舍内地平标高** 一般情况下，舍内饲喂通道的标高应高于舍外地平30cm。场地低洼或当地雨量较大时，可适当提高饲喂通道高度。有车和家畜出入的畜禽舍大门，门前应设坡度不大于15%的坡道，且不能设置台阶。舍内地面坡度，一般在畜床部分应保证2%～3%，以防畜床积水潮湿；地面应向排水沟有1%～2%的坡度。

**2. 确定畜禽舍高度** 畜禽舍高度指舍内地面到屋顶承重结构下表面的距离（净高）。畜禽舍高度不仅影响投资，而且影响舍内小气候，除取决于自然采光和自然通风外，还应考虑当地气候和防寒、防暑要求，也与畜禽舍跨度有关，寒冷地区檐下高度一般以2.2～2.7m为宜，跨度9m以上的畜禽舍可适当加高；炎热地区则不宜过低，一般以2.7～3.3m为宜。

**3. 门、窗的高度** 畜禽舍门的设计应根据畜禽舍种类、门的用途决定尺寸。畜禽舍窗户的高低、形状、大小等，根据畜禽舍采光与通风设计要求确定（见项目三）。

**4. 畜禽舍内部设施高度** 饲槽、水槽、饮水器安置高度及畜禽舍隔栏（墙）高度，因畜禽种类、品种、年龄不同而异。

（1）饲槽、水槽设置。鸡饲槽、水槽的设置高度一般应使槽上缘与鸡背同高；猪、牛的饲槽和水槽底可与地面同高或稍高于地面；猪用饮水器距地面的高度，仔猪为10～15cm，育成猪25～35cm，肥猪30～40cm，成年母猪45～55cm，成年公猪50～60cm。如将饮水器装成与水平呈45°～60°角，则距地面高10～15cm，即可供各种年龄的猪使用。

（2）隔栏（墙）的设置。平养成年鸡舍隔栏高度一般不应低于2.5m，用铁丝网或竹竿制作；猪栏高度一般为：哺乳仔猪0.4～0.5m，育成猪0.6～0.8m，育肥猪0.8～1.0m，空怀母猪1.0～1.1m，怀孕后期及哺乳母猪0.8～1.0m，公猪1.3m；成年母牛隔栏高度为1.3～1.5m。

### （七）畜禽舍立面设计

畜禽舍立面设计是在平面设计与剖面设计的基础上进行的，主要表示畜禽舍前、后、左、右各方向的外貌，重要构配件的标高和装饰情况。立面设计包括屋顶、墙面、门窗、进风口、排风口、屋顶风帽、台阶、坡道、雨罩、勒脚、散水，以及其他外部构件与设备的形状、位置、材料、尺寸和标高。

畜禽舍首先要满足"饲养"功能这一特点，然后再根据技术和经济条件，运用建筑学的原理和方法，使畜禽舍具有简洁、朴素、大方的外观形象，创造出内容与形式统一的、能表现畜牧业建筑特色的建筑风格。

## 三、设计图的种类及内容

**1. 总平面图** 总平面图是养殖场全场地形地势、道路、绿化、建筑物等的水平投影（图1-13）。它表达了房舍的种类、数量、形状、大小及位置、朝向和相互关系；也表示出场区界线、道路及绿化布置等。总平面图不仅可以指导房舍施工，布置道路、绿化，而且可据此绘出各工种需要的总平面图，如新建筑区的总体布局、给排水、采暖及电气管线等总平

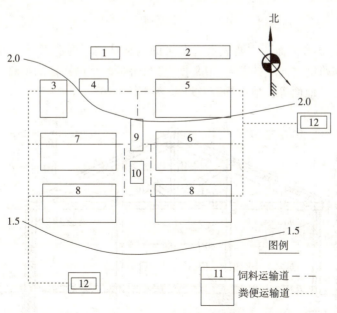

图1-13 某养殖场总平面图

1.办公室 2.职工宿舍 3.公牛舍 4.人工授精室 5.产房及犊牛预防室 6.犊牛舍
7.青年牛舍 8.乳牛舍 9.饲料加工间 10.乳品处理间 11.隔离室 12.积粪池

面图。此外，总平面图上一般都标有图例、说明、南北线、主风向、等高线和比例尺等。

**2. 平面图**　平面图就是单栋畜禽舍的水平剖视图，也称俯视图（图1-14）。表示房舍平面形状的尺寸，如房舍总长度、跨度、墙厚、门窗的位置、宽度、开启方向，房舍内部各种设备和设施的形状、位置、尺寸，地面的标高、坡度，门前的台阶和坡道的形状、位置和尺寸；表示剖面图的剖切位置线。

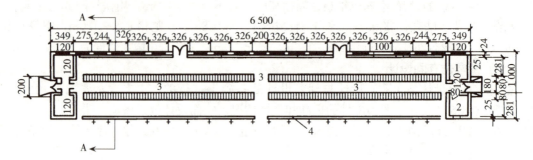

图1-14　牛舍平面图（cm）
1. 饲料调制间　2. 值班室　3. 走道　4. 尿沟

**3. 立面图**　立面图是建筑物的正面投影图或侧面投影图，是说明房舍外观的建筑图（图1-15）。立面图一般表示下列内容：房舍的样式及外部结构；门、窗及通风口的位置、形状和数量；墙面及屋面所用的建筑材料；各部分的高度尺寸，如舍内外地坪、窗台、檐口及屋顶等。

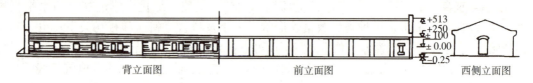

图1-15　牛舍立面图（cm）

**4. 剖面图**　畜禽舍剖面图主要表示畜禽舍的内部结构、构造形式及内部设施和设备的高度尺寸，以及在跨度方向上的位置和尺寸；畜禽舍某些结构构件的材料、厚度和做法，如屋顶、吊顶、墙身、地面等；地面标高及坡度等（图1-16）。

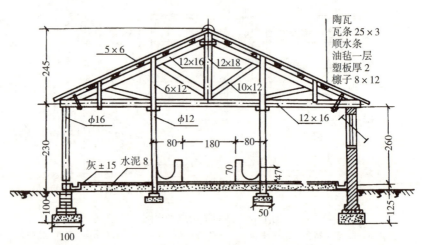

图1-16　A-A剖面图（cm）

## 四、塑膜暖棚设计

塑膜暖棚适用于我国冬季寒冷的北方。

### (一)塑膜暖棚畜禽舍的类型

根据塑膜暖棚的结构造型分为单斜面、双斜面、半拱圆型和拱圆型4种。

**1. 单斜面塑膜暖棚** 暖棚棚顶一面为塑膜覆盖,而另一面为土木结构的屋面(图1-17A)。这类暖棚大多东西走向,南北朝向。在没有覆盖塑膜时呈半敞式,设有后墙、山墙和前沿墙;中梁处最高,半敞式屋面占整个塑膜暖棚的1/2~2/3。从中梁处向前沿墙覆盖塑膜,形成密闭式塑膜暖棚,两面出水,暖棚前墙外设防寒沟。一般由地基、墙、框架、覆盖物、加温设备等组成。有土木结构,也有砖混结构,建筑容易,结构简单,塑膜固定容易,抗风雪性能较好,保温性能好,管理方便;但棚下空间较小。这类暖棚一般多为单列式,适用于农区、牧区猪、鸡、牛、羊的规模化生产。

**2. 半拱圆形塑膜暖棚** 其结构和单斜面暖棚基本相同,半敞棚由前墙、中梁、后墙、山墙及木椽、竹帘、草泥、油毛毡、机瓦等构成。半敞棚屋面一般占整个塑膜暖棚面积的2/3,靠后墙或前墙留工作通道,一般小畜禽易靠后墙,大畜禽宜靠前沿墙,扣膜时可用竹片由中梁处向前沿墙连成半拱圆形,上覆盖塑膜,即形成密闭的半拱圆形塑膜暖棚(图1-17B)。这类暖棚棚下空间大,采光系数大,水滴不易直接掉至畜床,而是沿着棚面向前沿墙滑去。这类暖棚多为单列式,结构简单,容易建造,塑膜好固定,抗风抗压性能最强,保温性能好,管理方便,造价低,适合于各种类型畜禽的规模化生产。

**3. 双斜面塑膜暖棚** 暖棚顶部两面均为塑膜所覆盖,两面出水,有的两棚面相等,称等面式(图1-17C);有的两棚面不等,称不等面式(图1-17D)。双斜面塑膜暖棚四周有墙,中梁处最高,多为双列式。中梁下面设过道,两边设畜栏。塑膜由中梁向两边墙延伸,形成严密的塑膜暖棚。其中以等面式暖棚居多,且多为南北走向,光线上午从东棚面进入,下午从西棚面进入。特点是日照时间长,光线均匀,四周低温区少。不等面暖棚比较少见,一般是坐北向南,东西走向,南棚面积大,北棚面积小。

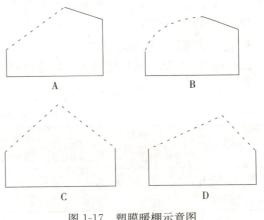

图1-17 塑膜暖棚示意图
A. 单斜面 B. 半拱圆形 C. 等面式 D. 不等面式

双斜面塑膜暖棚采光面积大,棚内温度高,但因跨度大,建筑材料要求严格,一般用钢材和木材做框架材料,造价较高,且抗风、耐压能力比较差,在大风和大雪条件下难以保持平衡,高温条件下热气排出也较困难。

**4. 拱圆形塑膜暖棚** 棚顶面全部覆盖塑料薄膜,呈半圆形。由山墙、前后墙、棚架和棚膜等组成。棚舍南北走向,多为双列式。既可是养殖棚,也可是种植、养殖结合棚。若为种养结合棚,在养殖一侧设周围基础墙,种植一侧则不设基础墙,用竹栏围起,养殖区与种植区中间设有无纺布隔帘,白天卷起,晚上放下。也可采用双层膜暖棚,塑膜与塑膜之间有

8～10cm 的空气隔层，保温性能更好。拱圆形暖棚棚架材料一般采用钢材或竹材，选用钢材一次性投资大，但经久耐用。拱圆形塑膜暖棚在目前是比较理想的种、养结合棚（图 1-18），可有效地控制环境污染，适用于土地面积大、灌溉条件便利的各种规模的畜禽生产场。

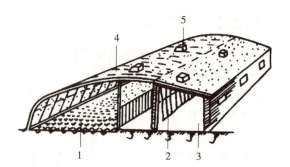

图 1-18　拱圆形种、养结合棚
1. 蔬菜部分　2. 双纱布隔帘　3. 畜禽饲养部分
4. 双层塑料棚　5. 防冰天窗

## （二）塑料暖棚的设计

**1. 保温隔热设计**　塑膜暖棚的热量支出主要是表面放热、地下传热和缝隙放热 3 条途径，为提高棚内温度，减少热支出，在暖棚的保温设计方面应采取以下措施：

（1）棚顶夜间盖上草帘、棉帘或纸被。研究表明，在室外温度为 -18℃ 时，加草帘和纸被的可分别增温 10℃ 和 6.8℃。

（2）用双层膜代替单层膜，两层膜间隔 5～10cm。研究表明，双层膜暖棚的温度比单层膜暖棚高 4℃ 左右，节约饲料 8.76%。

（3）加强墙壁的保温隔热设计，采用空心墙或填充墙，以降低支撑墙的传热能力。

（4）地面用夯实土或三合土，或在三合土上铺水泥，以减少向地下传热。

**2. 通风换气设计**　塑膜暖棚的通风可用自然通风，也可用机械通风。暖棚的通风换气量可用二氧化碳法、水汽法、热量法和参数法计算。前 3 种计算方法复杂，所用参数很难准确，故常用参数法确定换气量。

**3. 塑膜暖棚的主要技术参数**

（1）暖棚的规格。适度规模养殖，暖棚的规格根据饲养规模确定。各种畜禽暖棚规格见表 1-14。

表 1-14　畜禽塑膜棚规格

| 暖棚 | 肥育猪 | | 牛 | | 鸡 | | 羊 | |
|---|---|---|---|---|---|---|---|---|
| | 数量（头） | 面积（m²） | 数量（头） | 面积（m²） | 数量（只） | 面积（m²） | 数量（只） | 面积（m²） |
| 单列（半斜面） | 25～50 | 50～110 | 30～50 | 30～50 | 105～180 | 220 | 50～110 | 75～130 |
| 双列（双斜面） | 100 | 200 | 100 | 350 | 250～500 | 38～200 | 150～200 | 23～300 |

饲养规模不足或超过上述头数时，可按每头猪占 1.0m²，羊 1.2m²，牛 1.6～1.8m²，鸡 0.08m²，确定建筑面积。

（2）跨度及长、宽比。跨度主要根据当地冬季雨雪多少及冬季晴天多少而定，冬季雨雪多的以窄为宜（5～6m），雨雪少的可以放宽（7～8m）；冬季晴天多的地区，太阳光利用较充分，可以放宽，以增大室内热容量，相反，多阴天地区应窄一些。

暖棚长、宽比与暖棚的坚固性有密切关系。长、宽比大，周径长，地面固定部分多，抗风能力加强，相反则减少。例如一栋 500m² 的暖棚，跨度为 8m，长度 62.5m，周径为 141m。若面积不变，长度为 40m，跨度为 12.5m，周径为 105m，接触地面部分减少，抗风能力也减小。所以，暖棚的长、宽比应合理。

(3) 高度与高跨比。暖棚的高度是指屋脊的高度，它与跨度有一定关系，在跨度确定的情况下，高度增加，暖棚的屋面角增加，从而提高采光效果。因此，适当增加高度，在搞好保温的同时，能提高采光效果，进而增加蓄热量，高度一般以 2.0~2.6m 为宜，高跨比为 (2.4~3.0)：10，最大不宜超过 3.5：10，最小不宜低于 2.1：10。在雨雪较少的地区，高跨比可以小一点；雨雪较多的地区要适当大一些，以利排除雨雪。

(4) 棚面弧度。在半拱圆型和拱圆型暖棚的设计过程中要充分考虑到牢固性，牢固性首先取决于框架材料的质量、薄膜的强度，也取决于棚面弧度。棚面弧度与棚面摔打现象有关。棚面摔打现象是由于棚内外空气压强不等造成的，当棚外风速大的时候，空气压强小，棚内产生举力，棚膜向外鼓起，但在风速变化的瞬间，加上压膜线的拉力，棚膜又返回棚架，如此反复，棚膜就反复摔打，而只有当棚内外空气压力相等时，棚膜才不会产生摔打现象。即使在有风的情况下，只要棚面弧度设计合理，也会降低棚膜的摔打程度。

合理的弧线可用合理轴线公式来确定，弧线点高公式为：

$$y = \frac{4f}{l^2} x(l-x)$$

式中，$y$ 为弧线点高；$f$ 为中高；$l$ 为跨度；$x$ 为水平距离。

例：暖棚跨度 10m，中高 2.5m，从地面上画一道 0~10m 的直线，共分 9 个点，每个点向上引垂线，确定各点高度。

将上述数据代入公式得：$y_1=0.9$；$y_2=1.6$；$y_3=2.1$。即距 0 的 1、2、3m 处的高度分别为 0.9、1.6、2.1m，依次类推，将各点连接起来，就形成了一个合理的拱圆型暖棚弧线。

(5) 保温比。暖棚的保温比指畜床面积与围护面积之比。保温比越大，热效能越好。暖棚需要保温，也要求白天有充分的光照。晴朗天气下，暖棚的保温和光照无疑是统一的，而刮风下雪天，特别是夜间，暖棚的采光面越大，对保温越不利，保温和采光发生矛盾。为兼顾采光和保温，暖棚应有合适的保温比，一般以 0.6~0.7 为宜。

(6) 后墙高度和后坡角度。后墙矮，后坡角度大，保温比大，冬至前后阳光可照到坡内表面，有利于保温，但棚内作业不便；后墙高，后坡角度小，保温比小，保温性能差，但有利于棚内作业。一般情况下，后墙高度以 1.2~1.8m 为宜，后坡角度以 30°左右为宜。

(7) 暖棚前面和两侧无阴影距离。暖棚需要太阳辐射的光和热，所以暖棚前面和两侧的扇形范围内，不允许任何地貌、地物遮挡太阳的光线。一般来说，在暖棚的东西和南北 8m 范围内，不应有超过 3m 高的物体。

**(三) 各类塑膜暖棚畜禽舍典型构造简介**

**1. 暖棚猪舍** 采用单列式半拱圆形暖棚（图 1-19），坐北朝南，后墙高 1.8m，中梁高 2.2m，前沿墙高 0.9m，前后跨度 4m，长度视养殖规模而定，后墙与中梁之间用木椽搭棚，中梁与前墙之间用竹片搭成拱型支架（可事先沿墙上装上钢管，搭棚时将竹片直接插入钢管），上覆塑膜。暖棚单栏前后跨度 3m，左右宽 3m。栏与栏之间隔墙高 0.8m，下边设饲槽，饲槽宽 0.25m，2/3 在墙下，1/3 在圈内。每栏开一小门，猪床前低后高，有坡度，在侧墙上留有出入小门通往人行道，门高约 1.7m，宽约 0.8m。在棚顶留 0.5m×0.5m 的活动式排气孔，并加设防风罩，在距离前墙基和山墙基各 5~10cm 处留 0.2m×0.2m 的进气孔若干（根据通风要求计算）。

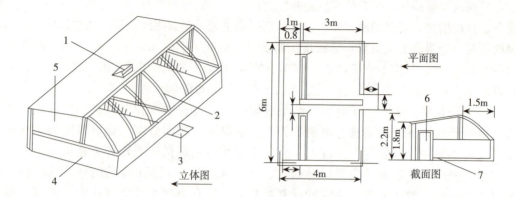

图 1-19 半拱圆形暖棚猪舍示意
1. 百叶窗排气孔  2. 棚膜架  3. 排粪池  4. 砖墙  5. 土坯墙  6. 单扇木质门  7. 食槽

**2. 暖棚鸡舍** 坐北朝南，棚舍前沿墙高 1m，中梁高 2.5m，后墙高 2m，跨度 9m，长度依规模而定。运动场与鸡舍相连处留有高约 1.7m、宽 0.9m 的门供饲养人员出入，其他同暖棚猪舍。在鸡舍与运动场隔墙底部设供鸡出入的小孔，约为 0.2m×0.2m。鸡舍内设足够的产蛋箱，运动场内设食槽和饮水器。若实行笼养，去掉中间隔墙，不设运动场。

**3. 暖棚牛舍** 坐北向南，暖棚前沿墙高 1.2m，中梁高 2.5m，后墙高 1.8m，跨度 5m，长度依规模而定。中梁和后墙之间用木椽搭成屋面，中梁与前沿墙之间用竹片和塑料薄膜搭成半拱型塑膜棚面，中梁下面沿圈舍长度方向设饲槽，将牛舍与人行道隔开，后墙距中梁 3m，前沿墙距中梁 2m。在一端山墙上留两道门，一道通牛舍，供牛出入和清粪用；另一道通人行道，供饲养人员出入。

**4. 暖棚羊舍** 采用半拱圆形暖棚羊舍（图 1-20）。棚舍中梁高 2.5m，后墙高 1.7m，前沿墙高 1.1m，跨度 6m，长度依规模定。中梁距前沿墙 2～3m，棚舍一端山墙上留有高约 1.8m、宽约 1.2m 的门，供饲养人员和羊只出入，棚内沿墙设补饲槽、产羔栏。

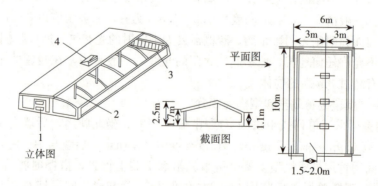

图 1-20 半拱圆形暖棚羊舍示意
1. 单扇木门  2. 顶柱  3. 补饲  4. 百叶窗排气孔

### （四）塑料暖棚畜禽舍的环境控制

塑料暖棚的小气候环境与普通封闭舍有所不同，其主要措施是保温、防潮、减少有害气体。

**1. 保温**　提高暖棚畜禽舍的温度除尽可能接受较多的太阳光辐射和加强棚舍热交换管理外，还可采取挖防寒沟、覆盖草帘、地温加热等保温措施。

（1）设防寒沟。为保持畜床积温，达到防寒、防雪和雨水对棚壁的侵袭，可在棚舍四周挖环形防寒沟。一般防寒沟宽30cm，深50～100cm，沟内填上炉渣或麦秸秆，夯实，顶部用草泥封死。

（2）覆盖草帘。主要作用是减少夜间棚舍内热能向外散发，以保持棚内较高的温度。草帘下最好铺一层厚纸，以防草帘划破棚膜，草帘和厚纸的一端固定在暖棚顶部，夜间放下，铺在棚膜上，白天卷起固定在棚顶。

（3）地温加热。在仔猪培育和育雏过程中，应用较广且相当经济，非常适合我国北方农区畜禽养殖户。具体做法是：在棚舍前墙下挖一个深约10cm，长、宽约50cm的坑，然后沿畜床搭火炕，火炕前厚后薄，在暖棚中央处或适当位置架设烟囱。养殖户可将农作物秸秆、畜禽粪便或煤加入火道，可收到很好的保温效果。

**2. 防潮**　由于塑料薄膜不透气，当棚内水汽蒸发上升到塑料薄膜上后，很快结成水珠，返回畜床，使棚内湿度不断增大。暖棚内的湿度控制应采取综合治理措施，除平时及时清除粪尿、加强通风换气外，还应采取加强棚膜管理和增设干燥带等措施。

（1）加强棚膜管理。塑料薄膜的透光率一般在80%以上，但覆盖在棚架表面上有灰尘和水珠，或有积雪时，会严重影响光线透过，降低棚内温度，增大湿度，尤其是聚氯乙烯膜，与灰尘有较强的亲和力，当棚膜表面附有灰尘时，可损失可见光15%～20%，棚膜表面附有水珠时，可使入射光发生散射现象，损失可见光10%左右。因此，要经常擦拭薄膜表面的灰尘和水珠，以保持棚膜清洁，获得尽可能大的光照度。

（2）增设干燥带。塑料暖棚舍内可设多处干燥带，主要设在前沿墙和工作通道上，而前墙上增设干燥带效果最好。具体方法是：将前墙砌成空心墙，当墙砌至规定高度时，中间平放一块砖将空心墙封死，在上放砖两侧竖放一块砖，形成凹形槽（图1-21）。凹形槽的外缘与棚膜光滑连接，凹形槽内添加沙子、白灰等吸湿性较强的材料，当水滴沿棚膜下滑至前沿墙时，水滴就会自然流入凹形槽内，被干燥带的干燥材料所吸收，这样只要勤换干燥材料，就可收到控制湿度的最佳效果。

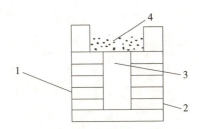

图1-21　暖棚前沿墙干燥带截面图
1. 前沿墙外壁　2. 前沿墙内壁
3. 空心　4. 干燥料

**3. 控制有害气体**　控制有害气体除及时清理粪尿外，还要加强通风换气。通风换气可以有效地控制舍内有害气体、尘埃和微生物。但是通风和保温是一对矛盾，因此，要兼顾两者，通风换气时间一般应在外界气温高的中午，打开阳光照射一面的进气孔和屋顶排气孔进行换气。清晨应在太阳刚出或太阳出来后进行通风换气，但时间不宜过长。夜间气温低，不宜换气。最好采用间歇式换气法，即换气—停—再换气—再停，一般每次换气30min左右，具体换气次数和时间应根据暖棚大小、畜禽数量及人的感觉等来决定。

## 任务评价

**一、名词解释**

平面图　　剖面图　　立面图

**二、简答题**

1. 简述畜禽舍设计的原则。
2. 简述畜禽舍设计的方法与步骤。
3. 简述鸡舍、猪舍、牛舍平面尺寸（长度、宽度）的确定方法。
4. 如何进行鸡、猪、牛舍的平面和剖面设计？

# 项目二　养殖场设施设备

**知识目标**　掌握养殖场饲养设备、喂饲设备、供水设备、清粪设备和环境控制设备的科学配置。

**技能目标**　能科学利用饲养、喂饲、供水、清粪和环境控制等设备，创造适合畜禽生产的环境条件。

**学习任务**

## 任务1　饲养设备

### 知识信息

为了保护生态环境，严格控制畜禽疫病的传播，生产合格的畜产品，减少成本消耗，增加经济效益，集约化科学化养殖是现代养殖业的必由之路，而机械化、自动化和智能化的现代饲养管理设备是发展现代养殖业的关键。饲养管理设备是涉及养殖生产不同领域的多种设备。

#### 一、育雏设备

育雏是禽类生产中的关键环节之一，育雏效果直接影响到禽类后期的生长和经济效益。育雏方式不同，所用的育雏设备的种类也不同。育雏方式有立体育雏和平养育雏两种，平养育雏又分为地面垫料育雏和网上育雏。

**1. 叠层式电热育雏器**　叠层式电热育雏器每层笼内都设有电加热器和温度控制装置，可保证不同日龄雏鸡所需的温度。由加热笼、保温笼和活动笼3部分组成（图2-1），每一部分都是独立的整体，可以根据房舍结构和需要进行组合。电热育雏器一般为4层，人工喂料、加水、清粪，每组笼备有食槽40个、真空式饮水器12个、加湿水槽4个，红外线加热器总功率2kW。外形尺寸为4 404mm×1 396mm×1 725mm，层与层之间是700mm×700mm的承粪盘，可育雏1～15日龄蛋雏鸡1 400～1 600只，16～30日龄蛋雏鸡1 000～1 200只，31～42日龄蛋雏鸡700～800只。其特点是结构简单，操作方便，雏鸡生长良好，成活率高，热能浪费少，耗电量低，占地面积小，经

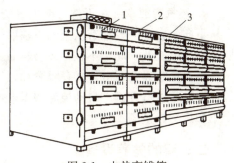

图2-1　电热育雏笼
1. 加热笼　2. 保温笼　3. 活动笼

济效益高。

**2. 叠层式育雏笼** 指无加热装置的普通育雏笼，通常是4层或5层。整个笼组用镀锌铁丝网片制成，由笼架固定支撑，每层笼间设承粪板，间隙50～70cm，笼高330mm（图2-2）。此种育雏笼对于整室加温的鸡舍使用效果不错。

图 2-2 叠层式育雏笼

**3. 电热育雏伞** 电热育雏伞（图2-3）的伞体可以用玻璃钢、塑料、纤维板等材料制成。伞内装有红外线加热器、照明灯泡、温度传感器等，伞外用一围栏围雏，伞外围栏内可以放置食盘、饮水器等。下部的塑料网使育雏产下的粪便漏下，不与禽类接触，降低发病率。随着日龄的增加，逐渐提高育雏温度或调整育雏伞的高度。电热育雏伞适合育雏量少的小型养殖场。一般每个保温伞可育雏800～1 000只禽类。

图 2-3 电热育雏伞

保温区的温度与红外线灯悬挂的高度和距离有密切的关系，在灯泡功率一定条件下，红外线灯悬挂高度越高，地面温度越低（表2-1）。

表 2-1 红外线灯高度和温度的关系

| 灯泡（W） | 高度（cm） | 灯下不同水平距离的温度（℃） | | | | | |
|---|---|---|---|---|---|---|---|
| | | 0 | 10 | 20 | 30 | 40 | 50 |
| 250 | 50 | 34 | 30 | 25 | 20 | 18 | 17 |
| | 40 | 38 | 34 | 21 | 17 | 17 | 17 |
| 125 | 50 | 19 | 26 | 18 | 17 | 17 | 15 |
| | 40 | 23 | 28 | 19 | 15 | 15 | 14 |

**4. 燃气育雏伞** 在天然气或煤气资源充足的地区，可以使用燃气育雏伞。燃气育雏伞有从下向上燃烧的，也有从上向下辐射的。伞内温度靠调节燃气量和伞体高度来实现。育雏要注意通风换气，周边不宜存放易燃品。

平养育雏设备有电热式育雏伞和燃气式育雏伞。还可采用火墙、火炉、锯末炉、热风炉等加温设备进行育雏。自动控温型锯末炉是立体育雏和平养育雏比较经济的加热设备，适合中小型禽类养殖场。

## 二、鸡的笼养设备

笼具是现代化养鸡的主体设备，不同笼养设备适用于不同的鸡群，笼养设备包括鸡笼、笼架和附属设备（食槽、饮水器、承粪板、集蛋带等）。鸡笼多为装配式，在使用前把各部件装配在一起。笼体一般由直径 2～3mm 冷拉低碳钢丝点焊而成，笼架一般由 2～3mm 厚的钢板冲压成型，为了更好地防腐，采用热镀锌处理。

## （一）蛋鸡笼

蛋鸡笼由顶网、底网、前网、后网、隔网和笼门构成，笼门安装在前网或顶网，可以拉开或翻开。一般前顶网做成一体，后底网做成一体，用侧网隔开 3～5 个小笼，每个小笼养 3～4 只。笼底网前倾 7°～11°，伸出笼外 12～16cm 形成集蛋槽。网片间用笼卡连接。鸡笼按其组合方式不同，分为全阶梯式、半阶梯式、层叠式、阶叠混合式、平置式。

（1）全阶梯式鸡笼。各层笼沿垂直方向互相错开，有 2～4 层。鸡粪可直接落入粪沟，舍饲密度较低。我国大多数蛋鸡笼、育成笼、种鸡笼都采用这种方式。

（2）半阶梯式鸡笼。上、下层之间部分重叠，重叠部分有挡粪板，按一定角度安装，粪便滑入粪坑。其舍饲密度较全阶梯式鸡笼高，但是比层叠式鸡笼低。由于挡粪板的阻碍，通风效果比全阶梯式鸡笼稍差。

（3）层叠式鸡笼。各层笼沿垂直方向重叠，重叠的层数有 3～8 层，每层之间有 12cm 高的间隔，其中有传送带承接和运送粪便，清粪、喂饲、供水、集蛋以及环境条件控制均为自动化。这种鸡笼能够极大地提高鸡舍的利用效率和生产效率，但是成本相对较高。

## （二）育成笼与肉鸡笼

育成笼的底网平置，每笼内养鸡 4～8 只，有半阶梯式和层叠式两大类，有 3～5 层之分，可以与喂料机、乳头式饮水器、清粪设备等配套使用。肉鸡笼与育成笼基本相同，肉鸡笼养目前不普遍，采用网上一端式饲养。

## （三）种鸡笼

种鸡笼一般是公、母鸡分开饲养。公鸡笼尺寸较大，底网平置，每笼内养公鸡 1～2 只，2～3 层全阶梯式布置，便于采精。母鸡笼的结构与蛋鸡笼相同，肉种鸡笼尺寸比蛋鸡笼大，每笼养母鸡 2～4 只，2～3 层全阶梯式布置。

# 三、猪的饲养设备

## （一）根据猪栏结构分为实体猪栏、栅栏式猪栏和综合式猪栏

**1. 实体猪栏**　猪舍内圈与圈间以 0.8～1.2m 高的实体墙相隔，优点在于可就地取材、造价低，相邻圈舍隔离，利于防疫；缺点是不便通风和饲养管理，而且占地，适于小规模猪场。

**2. 栅栏式猪栏**　猪舍内圈与圈间以 0.8～1.2m 高的栅栏相隔，占地小，通风好，便于管理。缺点是耗钢材，成本高，且不利于防疫。

**3. 综合式猪栏**　猪舍内圈与圈间以 0.8～1.2m 高的实体墙相隔，沿通道正面用栅栏。集中了实体和栅栏式猪栏两者的优点，适合于各类猪场。

## （二）根据饲养猪群类型分为公猪栏、配种栏、母猪栏、妊娠栏、分娩栏、保育栏和生长育肥栏

**1. 公猪栏和配种栏**　公猪栏主要用于饲养公猪，一般为单栏饲养，面积一般为 7～9m²，栏高为 1.2～1.4m，单列式或双列式布置（图 2-4）。

**2. 母猪单体限位栏**　在集约化猪场中，母猪在空怀期、妊娠期采用单栏限位饲养。即一个单体栏饲养一头母猪，一般采用金属结构，其长×宽×高尺寸为210cm×60cm×100cm（图2-5）。单体栏饲养具有占地面积小，便于控制母猪膘情，母猪不会因打架、相互干扰、碰撞而导致流产。但母猪活动受限制，运动量较少，缩短母猪繁殖年限。

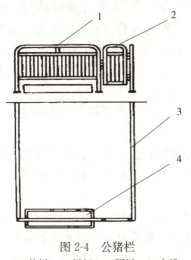

图2-4　公猪栏
1. 前栏　2. 栏门　3. 隔栏　4. 食槽

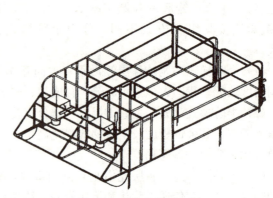

图2-5　母猪单体限位栏

**3. 分娩栏**　良好的分娩栏结构和产房环境条件，有利于提高仔猪成活率和日增重。分娩哺育栏由母猪限位架、仔猪围栏、仔猪保温箱和地板4部分组成（图2-6）。母猪单体限位栏位于分娩栏中间，长×宽×高尺寸为210cm×60cm×100cm，前面设母猪料槽和自动饮水器，高床分娩栏地面为全漏缝地板。小型猪场如不是高床分娩栏，可设半漏缝地板，即母猪限位栏前半部为水泥地面，仅在母猪后半部设漏缝板，两侧仔猪活动区则为全漏缝地板。仔猪活动区有仔猪铸铁补料槽和自动饮水器。仔猪活动区在母猪限位栏两侧，每侧活动区长×宽×高尺寸为210cm×40cm×60cm。

图2-6　母猪分娩栏

**4. 仔猪保育栏**　保育仔猪多为高床全漏缝地面饲养，猪栏采用全金属栏架，配塑料或铸铁漏缝地板、自动饲槽和自动饮水器（图2-7）。现在部分集约化猪场并不采用全漏缝地板，而是采用2/3漏缝地板，1/3水泥地板，在水泥地板下铺设炕道或热水管道，通过烧煤或热水循环等供暖。保育栏的尺寸可根据猪舍结构而定，一般长×宽×高为2.0m×1.7m×0.7m，侧栏间隙5.5cm，离地面高度30～40cm。

**5. 生长育肥猪栏**　集约化猪场生长育肥猪均采用大栏饲养，常用结构形式有全铁栅栏和半漏缝水泥地板的生长育肥栏，环境清洁、通风性能好，节省人工；肥育猪栏常用砖砌成实体结构，水泥地面。每头生长育成猪占地面积0.5m²，肥育猪占地面积0.8～1.0m²，群体大小为20～30头。栅栏式猪栏的框架一般用直径25～40mm的钢管，栅条一般用直径12～25mm的钢管或圆钢（图2-8）。

图2-7　仔猪保育栏

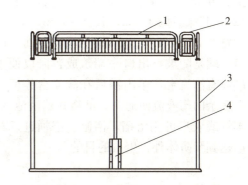

图2-8　生长肥育栏示意
1.前栏　2.栏门　3.隔栏　4.自动落料食槽

## 四、牛的饲养设备

奶牛饲养采用散放饲养和舍内栓养的方式，其饲养设备有隔栏和颈夹，把牛固定在牛床上。隔栏一般用钢管焊接而成，前部为食槽和饮水器，后部为粪沟（图2-9）。

颈夹有硬式和软式两种，硬式颈夹用钢管制成（图2-10），软式颈夹多用铁链制成，主要有直链式和横链式两种形式（图2-11）。直链式颈夹由两条长短不一的铁链构成。长铁链长为130～150cm，下端固定在饲槽的前壁上，上端拴在一条横梁上，短铁链（或皮带）长约50cm，两端用2个铁环穿在长铁链上，并能沿长铁链上下滑动。方便牛只活动和采食休息。横链式也由长短不一的两条铁链组成，以横挂着的长链为主，其两端有滑轮挂在两侧牛栏的立柱上，可自由上下滑动。用另一短链固定在横的长链上套住牛颈，牛只能自如地上下左右活动，不至于拉长铁链而导致抢食。

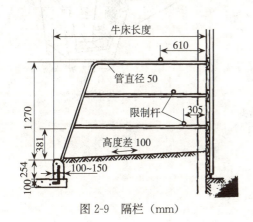

图2-9　隔栏（mm）

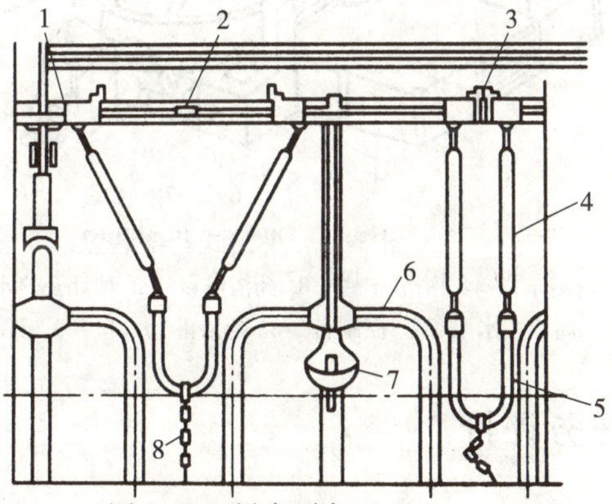

图2-10　硬式颈夹（mm）
1.滑块　2.颈夹传动杆　3.颈夹机构　4.颈夹管
5.U形架　6.牛床架　7.自动饮水器　8.限位链
（黄涛，《畜牧机械》，2008）

## 五、羊的药浴设施

药浴池是规模化羊场常用的设施之一。大型药浴池呈长方形，似一条窄而深的水沟，用水泥筑成（图2-12），其深不低于1m，长8～15m，池底宽0.4～0.6m，上宽0.6～0.8m，以一只羊能通过而不能转身为度。入口一端是陡坡，出口一端筑成台阶以便羊只攀登，出口端设有滴流台，羊出浴后在滴流台停留一段时间，使身上多余的药液流回池内。淋浴式药浴池（图2-13），小型羊场或农户可用浴槽、浴缸、浴桶进行药浴（图2-14），以达到预防体外寄生虫的目的。

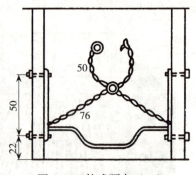

图2-11 软式颈夹（cm）

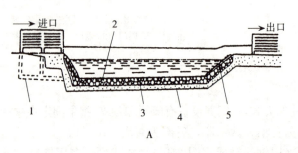

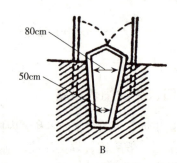

图2-12 大型药浴池示意
A. 药浴池纵剖面 B. 药浴池横剖面
1. 基石 2. 水泥面 3. 碎石基 4. 沙底 5. 厚木板台阶

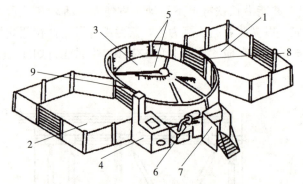

图2-13 淋浴式药浴装置
1. 待浴羊栏 2. 浴后羊栏 3. 药浴淋场 4. 炉灶及热水箱 5. 喷头
6. 离心式水泵 7. 控制台 8. 药浴淋场入口 9. 药浴淋场出口

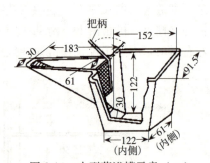

图2-14 小型药浴槽示意（cm）

## 任务评价

### 一、填空题

1. 公猪栏主要用于饲养公猪，一般为单栏饲养，其面积为_____ m²。
2. 母猪单体限位栏一般采用金属结构，其长×宽×高尺寸一般为_____。

3. 仔猪活动区在母猪限位栏两侧,每侧活动区长×宽×高尺寸为_____。
4. 保育栏的尺寸一般长×宽×高为_____,侧栏间隙_____ cm,离地面高度_____ cm。
5. 肥育猪占地面积_____ m²,群体大小一般为_____头。
6. 鸡的笼养设备有_____、_____和_____。
7. 蛋鸡笼由_____、_____、_____、_____和_____组成。
8. 鸡笼按组合方式分为_____、_____、_____、_____和_____等。

## 二、简答题

1. 猪栏按结构可分为哪几种?各有什么优缺点?
2. 猪栏按饲养猪的类群可分为哪几种?
3. 育雏设备的类型有哪些?各有什么特点?分别适合什么饲养方式?
4. 牛的栓系设备有哪些?各有什么优缺点?
5. 简述药浴设施的结构。

# 任务 2　喂饲机械设备

## 知识信息

### 一、畜禽喂饲机械设备的类型

常见的喂饲机械设备分为干饲料喂饲机械设备、湿拌料喂饲机械设备和稀料喂饲机械设备3类。干饲料喂饲机械设备主要用于全价配合饲料(干粉料、颗粒饲料)的喂饲,适合于不限量的自由采食。湿拌料喂饲机械设备用于青饲料的湿混合饲料,主要用于奶牛、肉牛和羊的集中饲养场。稀料喂饲机械设备主要采用泵和输送管道,多见于养猪场。

### 二、干饲料喂饲机械设备

干饲料喂饲机械设备主要包括贮料塔、输料机、喂料机(喂料车)三大部分。

#### (一) 贮料塔

贮料塔用来贮存饲料,便于机械化喂饲。安装在畜禽舍外的端部,比较长的畜禽舍也可设在畜禽舍中间部位。国产9TZ-4型贮料塔及其配套的输料机见图2-15。贮料塔多用镀锌钢板制成,塔身断面呈圆形或方形,饲料在自身重力作用下落入贮料塔下锥体底部的出料口,再通过饲料输送机送到畜禽舍。

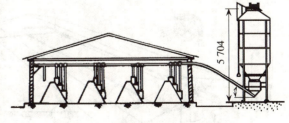

图2-15　贮料塔与输料机配置(mm)

#### (二) 输料机

输料机是用来将饲料从畜禽舍外的贮料塔输送到畜禽舍内,然后分送到饲料车、食槽或自动食箱内。常见的有索盘式、螺旋式和螺旋弹簧式输料机。

### (三) 喂料机 (喂料车)

喂料机用来将饲料送入畜禽饲槽。干饲料喂料机可分为固定式和移动式 2 类。

**1. 固定式干饲料喂料机**  固定式干饲料喂料机按照输送饲料的工作部件可分为螺旋弹簧式、索盘式和链板式 3 种。

(1) 螺旋弹簧式喂料机。螺旋弹簧式喂料机主要用于鸡的平养,也可用于猪和牛的饲养。由料箱与驱动装置、螺旋弹簧与输料管、盘筒形饲槽和控制系统组成 (图 2-16),属于直线型喂料设备。工作时,饲料由舍外的贮料塔运入料箱,然后由螺旋弹簧将饲料沿着管道推送,依次向套接在输料管道出口下方的饲槽装料,当最后一个饲槽装满时,限位控制开关开启,使喂饲机的电动机停止转动,即完成一次喂饲。螺旋弹簧式喂饲机一般只用于平养鸡舍,优点是结构简单、便于自动化操作和防止饲料被污染。

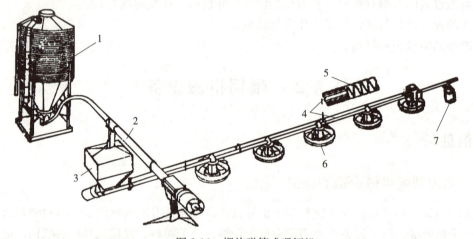

图 2-16  螺旋弹簧式喂饲机
1. 贮料塔  2. 输料机  3. 料箱  4. 输料管  5. 弹簧螺旋  6. 盘筒形饲槽  7. 控制安全开关的接料筒

(2) 索盘式喂料机。索盘式喂料机由料斗、驱动机构、索盘、输料管、转角轮和盘筒式饲槽组成 (图 2-17),可用于喂饲猪、牛、羊和平养的鸡,也可用于其他禽类的喂饲。工作

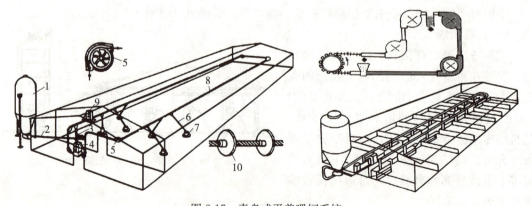

图 2-17  索盘式平养喂饲系统
1. 贮料塔  2. 输料机  3. 回料管  4. 料斗  5. 转角轮  6. 落料管
7. 盘筒式饲草  8. 输料分配管道  9. 驱动装置  10. 塑料索盘

时由驱动机构带动索盘,索盘通过料斗时将饲料带出,并沿输料管输送,再由斜管送入盘筒式饲槽,管中多余饲料由回料管进入料斗。

(3) 链板式喂料机。链板式喂料机可用于平养(图2-18)和笼养(图2-19)鸡的饲喂。它由料箱、驱动机构、链板、长饲槽、转角轮、饲料清洁筛、饲槽支架等组成。按喂料机链片运行速度又分为高速链式喂料机(18～24m/min)和低速链式喂料机(7～13m/min)两种。

**2. 移动式干饲料喂料机** 移动式干饲料喂料机可分为牵引式(层叠式)、自走式(阶梯式)和播种式(阶梯式)3种。工作时

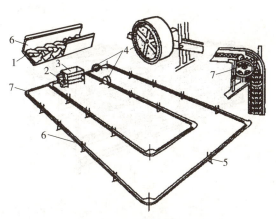

图2-18 链板式喂料机(平养)
1. 链片 2. 驱动装置 3. 料箱 4. 饲料清洁刷
5. 饲槽支架 6. 饲槽 7. 转角轮

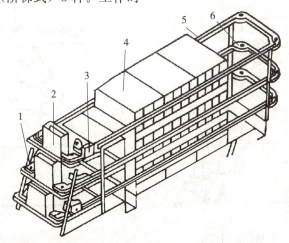

图2-19 链板式喂料机(笼养)
1. 头架 2. 料箱 3. 驱动装置 4. 鸡笼 5. 饲槽和链板 6. 转角轮

喂料车移到输料机的出料口下方,由输料机将饲料从贮料塔送入喂料车的料箱,喂料车定期沿鸡笼或猪栏向前移动将饲料分配到各饲槽进行喂饲。喂料车的轨道有地面式安装和鸡笼上方安装2种。

(1) 牵引式(层叠式)喂料机。喂饲时,钢索牵引喂料车沿笼组移动,饲料通过料箱出料口流入饲槽。料箱出料口上套有喂料调节器,它能上下移动,以改变出料口距饲槽底的间隙,以调节供料量(图2-20)。饲槽由镀锌铁板制成,有的在饲槽底部加一弹簧圈,以防鸡采食时挑食或将饲料扒出。

(2) 自走式(阶梯式)喂料机。两台减速电动机带动喂料车行走,另一电动机通过减速器带动料箱中的螺旋绞龙转动,使饲料均匀的从各个落料管下落,送到各饲槽(图2-21)。

(3) 播种式(阶梯式)喂料机。在机架上安装多个料箱,行走时饲料通过落料管下落到各饲槽(图2-22)。优点是地轨少,牵引装置共用一套。

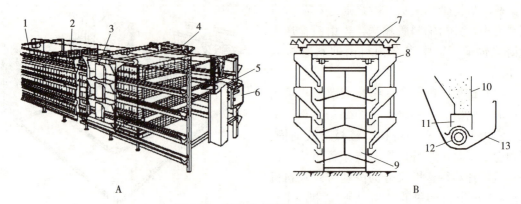

图 2-20 牵引式（层叠式）喂料车
A. 外形图 1. 饮水槽 2. 饲槽 3. 料箱 4. 牵引架 5. 驱动装置 6. 控制箱
B. 结构图 7. 输料机 8. 料箱 9. 鸡笼 10. 落料管 11. 喂料调节器 12. 弹簧圈 13. 饲槽

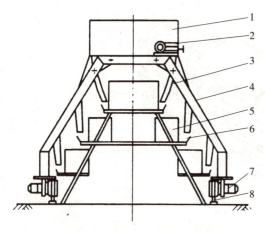

图 2-21 自走式（阶梯式）喂料车
1. 料箱 2. 电动机 3. 落料管 4. 机架
5. 鸡笼 6. 饲槽 7. 减速电动机 8. 地轨

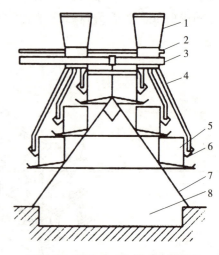

图 2-22 播种式（阶梯式）喂料车
1. 料箱 2. 鼓轮轴 3. 机架 4. 落料管
5. 鸡笼 6. 饲槽 7. 鸡笼架 8. 粪沟

## 三、湿拌料喂饲机械设备

湿拌料喂饲机械设备有固定式和移动式2类。

### （一）固定式湿拌料喂饲设备

固定式湿拌料喂饲设备主要用来喂饲奶牛和肉牛。有输送带式、穿梭式和螺旋输送器3种。

**1. 输送带式喂饲设备**　由输送带和在输送带上做往复运动的刮料板等组成。刮料板有电动机通过绞盘和钢索带动，刮料板移动的速度是输送带速度的1/10。

**2. 穿梭式喂饲设备**　由链板式（或输送带式）输送器向饲槽送料，输送器长度为饲槽长度的1/2，输送带的装料斗设在饲槽全长的中心位置。

**3. 螺旋输送器喂料机**　螺旋输送器沿饲槽推送和分配饲料并依次向前，直至饲槽最远端装满后由一端的料位开关切断电动机电路。

## （二）移动式湿拌料喂饲设备

移动式湿拌料喂饲设备又称机动喂料车，有牛用和猪用两种。牛全混合日粮（TMR）喂饲方式多采用机动喂料车。

> 任务评价

### 一、填空题

1. 喂饲机械设备按饲料类型分为_____、_____和_____3类。
2. 干饲料喂饲机械设备主要包括_____、_____和_____三大部分。
3. 鸡的喂料车类型有_____、_____和_____三大类型。
4. 移动式干饲料喂料机可分为_____、_____和_____3种。

### 二、简答题

1. 索盘式喂料机由哪几部分组成？可用于哪些畜禽的喂饲？
2. 螺旋弹簧式喂料机由哪些部分组成？可用于哪些畜禽的喂饲？
3. 链板式喂料机由哪些部分组成？可用于哪些畜禽的喂饲？
4. 常用的牛用和猪用移动式湿拌料喂饲设备是什么？其特点是什么？

## 》》》任务3  供水设备《《《

> 知识信息

### 一、供水系统

目前我国大多数畜禽养殖场采用压力式供水系统。它由水源、水泵、水塔（或气压罐）、水管网、用水设备等组成。

### 二、饮水器

为了有效减少水的污染，减少畜禽的胃肠道疾病，降低劳动强度，节约用水，畜禽场采用自动饮水器。常用的饮水器有槽式、真空式、吊塔式、鸭嘴式、乳头式和杯式等几种。

**1. 槽式饮水器**　槽式饮水器是一种最普遍的饮水设备，可用于各种畜禽的饮水。用于猪、牛、羊的饮水槽可用水泥、钢板、橡胶等制成。养鸡饮水槽可用于平养和笼养，由镀锌板、搪瓷或塑料制成，每根长2m，由接头连接而成。水槽断面为U形或V形，宽45～65cm，深40～48cm，水槽一头通入长流水，使整条水槽内保持一定水位供鸡只饮用，另一头流入管道将水排出鸡舍（图2-23）。其结构简单、工作可靠，缺点是易传染疾病，耗水量大，平养时妨碍鸡群活动，水槽安装要求高度误差小于5cm，误差过大不能保证正常供水。

图2-23　长流水槽式饮水器

**2. 真空式饮水器** 真空式饮水器主要用于平养雏鸡，由水筒和盘两部分组成，多为塑料制品（图2-24）。筒倒扣在盘中部，并由销子定位，筒内的水由筒下部壁上的小孔流入饮水器盘的环形槽内，能保持一定的水位。其优点是结构简单、故障少、不妨碍鸡的活动，缺点是需人工定期加水，劳动量较大。

图 2-24 真空饮水器

真空式饮水器圆筒容量为 1~3L，盘直径为 160~230mm，槽深 25~30mm，每个饮水器供 50~70 只雏鸡饮水。国产 9SZ-205 型真空式饮水器用于平养 0~4 周龄雏鸡，盛水量 2.5kg，水盘外径 230mm，水盘高 30mm，每个饮水器可供 70 只雏鸡使用。

**3. 吊塔式饮水器** 吊塔式又称普拉松饮水器，靠盘内水的重量来启闭供水阀门，即当盘内无水时，阀门打开；当盘内水达到一定量时，阀门关闭（图2-25）。主要用于禽舍，用绳索吊在离地面一定高度（与雏鸡的背部或成鸡的眼睛等高）。该饮水器的优点是适应性广，不妨碍鸡群活动，工作可靠，不需人工加水，吊挂高度可调。但每天用完后要刷洗消毒，操作较麻烦。

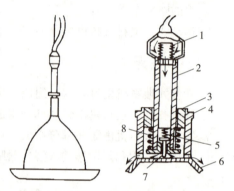

图 2-25 吊塔式饮水器
1. 滤网  2. 阀门体  3. 螺纹套  4. 锁紧螺帽
5. 小弹簧  6. 饮水盘体  7. 阀门杆  8. 大弹簧

**4. 乳头式饮水器** 乳头式饮水器有锥面、平面、球面密封型三大类，可用于禽类的笼养和平养以及猪的饲养。该设备在畜禽饮水时触动阀杆顶开阀门，水便自动流出供其饮用。平时则靠供水系统对阀体顶部的压力，使阀体紧压在阀座上防止漏水。其优点是有利于防疫，并可免除清洗工作，缺点是在饮水时容易漏水，造成水的浪费，使环境变湿和影响清粪作业。有鸡用乳头式饮水器（图2-26）和猪用乳头式饮水器（图2-27）。

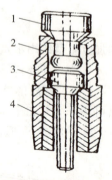

图 2-26 鸡用乳头式饮水器
1. 上阀芯  2. 阀体  3. 下阀芯  4. 阀座

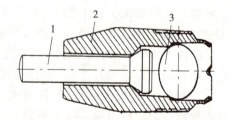

图 2-27 猪用乳头式自动饮水器
1. 阀杆  2. 饮水器体  3. 钢球

**5. 鸭嘴式饮水器** 鸭嘴式饮水器主要用于猪的饮水，外形近似鸭嘴，其适应水压小于 400kPa，可以 45°或水平安装。猪饮水时，咬动阀杆，水从阀芯与胶圈间的间隙流出；当猪不咬动阀杆时，弹簧使阀杆恢复正常位置，密封垫又将出水孔堵死，停止供水。鸭嘴式饮水器是目前养猪生产中常用的自动饮水器，有铸铁和全铜两种，其重量较轻、工作可靠，但饮水时易漏水（图2-28）。

**6. 杯式饮水器** 杯式饮水器适合于猪、鸡、牛、羊、兔等畜禽的饮水，因畜禽嘴的大小不同，饮水器的形状、规格不同，分为阀柄式和浮嘴式两种。鸡用杯式饮水器（图2-29）耗水少，并能保持地面或笼体内干燥。平时水杯在水管内压力下使密封帽紧贴于杯体锥面，阻止水流入杯内。当鸡饮水时将杯舌下啄，水流入杯体，达到自动供水的目的。

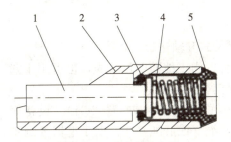

图2-28 鸭嘴式饮水器
1. 阀杆 2. 饮水器体 3. 密封圈
4. 弹簧 5. 栅盖

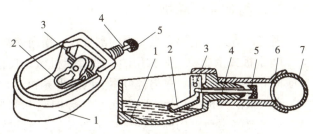

图2-29 鸡用杯式饮水器
1. 杯体 2. 触发浮板 3. 销轴 4. 阀门杆
5. 橡胶塞 6. 鞍形接头 7. 主水管

猪杯式饮水器常用铸铁制造（图2-30），适应水压小于392kPa。猪饮水时，嘴推动浮子或压板使阀杆偏斜，水即沿阀杆和阀座体的缝隙流入杯中供猪饮用。猪饮水离开后，阀杆在强弹簧力作用下复位，切断水流，水停止流出。杯式饮水器适用于仔猪和育肥猪，其结构复杂，价格高，需要定期清洗。

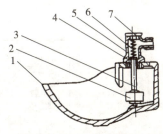

图2-30 94SZB-3猪用杯式饮水器
1. 杯体 2. 浮子 3. 阀杆 4. 密封圈
5. 阀体 6. 回位弹簧 7. 顶盖

### 任务评价

1. 供水系统由哪几部分组成？
2. 饮水器的类型有哪些？分别适合于哪种畜禽的饮水？各自有什么优缺点？
3. 平养鸡和笼养鸡的饮水种类有哪些？各自有什么优缺点？
4. 真空式饮水器用于哪种饲养方式？有何优缺点？
5. 简述吊塔式饮水器的优缺点。

## 任务4 清粪设备

### 知识信息

**一、养殖场的清粪方法**

猪场的清粪主要有漏缝地板水冲清粪、往复刮板清粪和清粪车清粪。

鸡场的清粪主要有定期清粪和经常清粪两种。定期清粪适用于高床笼养、网上平养和地面垫料平养方式。定期清粪一般每隔一个饲养周期（数月或一年）清粪一次，目前国内主要靠人工、推车清粪。经常清粪适用于网上平养和笼养方式，每天用刮板式（层叠式笼养用输送带式）清粪机将粪便沿纵向粪沟清除到鸡舍一端的横向粪沟内，再由粪沟内的横向螺旋式清粪机将鸡粪清除到舍外。

牛舍的清粪以人工、推车为主，在机械化程度高的牛场，采用刮板式清粪和水冲清粪的方法。

### 二、固定式清粪机

固定式清粪机主要有纵向粪沟刮板式、横向粪沟螺旋式和输送带式3种。

**1. 刮板式清粪机**　是常用的一种清粪机械。在猪舍可用于地面明沟清粪，也可用于漏缝地板下的暗沟清粪。在鸡舍可用于网上平养和笼养纵向粪沟清粪。

刮板式清粪机由刮板、驱动装置、导向轮和张紧装置等部分组成（图2-31）。设备简单，只需要将驱动机构固定在舍内适当位置，通过钢丝绳（或麻绳）并借助于电器控制系统，使刮板在粪沟内做往复直线运动进行清粪。每开动一次，刮板做一次往返移动，刮板向前移动时将粪便刮到畜禽舍一端的横向粪沟内，返回时，刮板上抬空行。横向粪沟内的粪便由螺旋清粪机排至舍外。根据畜禽舍设计，一台电机可负载单列、双列或多列。

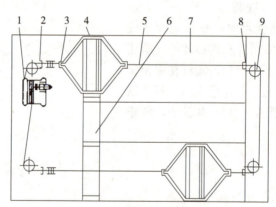

图2-31　刮板式清粪机平面布置
1. 牵引装置　2. 限位清洁器　3. 张紧器　4. 刮粪板
5. 牵引钢丝绳　6. 横向粪沟　7. 纵向粪沟　8. 清洁器　9. 转角轮

**2. 螺旋弹簧横向清粪机**　螺旋弹簧横向清粪机是养鸡场机械清粪的配套设备。当纵向清粪机将鸡粪清理到鸡舍一端时，再由横向清粪机将刮出的鸡粪输送到舍外（图2-32）。作业时，清粪螺旋直接放入粪槽内，不用加中间支撑，输送混有鸡毛的黏稠鸡粪也不会堵塞。

**3. 输送带式清粪机**　用于叠层式笼养鸡舍清粪，主要由电机和链传动装置、主动辊、被动辊、承粪带等组成。承粪带安装在每层鸡笼下面，启动时由电机、减速器通过链条带动各层的主动辊运转，将鸡粪输送到一端，被端部设置的刮粪板刮落，从而完成清粪作业。

### 三、清粪车

清粪车由粪铲、铲架、起落机构等组成（图2-33）。除粪铲装于铲架上，铲架末端销连

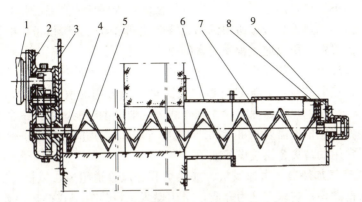

图 2-32 螺旋弹簧横向清粪机布置示意
1. 电动机  2. 变速箱  3. 支架  4. 头座焊合件  5. 清粪螺旋
6. 接管焊合件  7. 出料尾管焊合件  8. 尾座焊合件  9. 尾部轴承座

在手扶拖拉机的一个固定销轴上。扳动起落机构的手杆,通过钢丝绳、滑轮组实现铲粪。清粪车可用于猪场清粪,也可用于高床笼养和平养鸡舍的清粪。

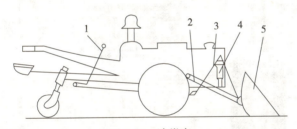

图 2-33 清粪车
1. 起落手杆  2. 铲架  3. 钢丝绳  4. 深度控制装置  5. 除粪铲

> 任务评价

1. 畜禽养殖场常用清粪方式有哪些?各有什么优缺点?
2. 刮板式清粪机适合哪类畜禽的清粪?其工作方式有几种?
3. 输送带式清粪机适合哪种饲养方式鸡舍的清粪?
4. 畜禽场常用的移动式清粪设备是什么?其特点是什么?

## 任务 5　环境控制设备

> 知识信息

### 一、畜禽舍控温设备

#### (一)采暖设备

严寒的冬季,仅靠建筑保温难以保障畜禽需求的适宜温度,因此,必须采取供暖设备,尤其是幼畜禽舍。

当畜禽舍保温不好或舍内过于潮湿,空气污浊时,为保持适宜温度和通风换气,也必须对畜禽舍供暖。由于隔热提高舍温所得到的经济效益和节省的采暖设备、能源、饲料费用很容易抵偿隔热所需投资,所以应重视畜禽舍的热工设计。

畜禽舍采暖分集中采暖和局部采暖。集中采暖由一个集中的热源(锅炉房或其他热源),将热水、蒸汽或预热后的空气,通过管道输送到舍内或舍内的散热器。局部采暖则由火炉(包括火墙、地龙等)、电热器、保温伞、红外线等就地产生热能,供给一个或几个畜栏。畜禽舍采用的采暖方式应根据需要和可能确定,但不管怎样,均应经过经济效益分析,然后选定最佳的方案,常用的畜禽舍供暖设备如下。

**1. 热风炉式空气加热器** 由通风机、加热炉和送风管道组成,风机将热风炉加热的空气通过管道送入畜禽舍。它以空气为介质,采用燃煤板,热效率式换热装置,送风升温快,热风出口温度为80~120℃,热效率达70%以上,比锅炉供热成本降低50%左右,使用方便、安全,是目前推广使用的一种采暖设备(图2-34)。

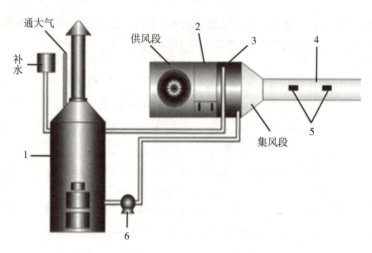

图2-34 热风炉式供暖系统
1. 热风炉 2. 电脑自控箱 3. 交换器 4. 通风道 5. 出风口 6. 热水泵

**2. 暖风机式空气加热器** 加热器有蒸汽(或热水)加热器和电加热器两种。暖风机有壁装式和吊挂式两种形式,前者常装在畜禽舍进风口处,对进入畜禽舍的空气进行加热处理;后者常吊挂在畜禽舍内,对舍内的空气进行局部加热处理。也有的是由风机将空气加热并由风管送入畜禽舍,此加热器也可以通过深层地下水用于夏季降温。

**3. 太阳能式空气加热器** 太阳能空气加热器是利用太阳辐射能来加热进入畜禽舍的空气的设备,是畜禽舍冬季采暖经济而有效的装置,相当于民用太阳能热水器,投资大,供暖效果受天气状况影响,在冬季的阴天,几乎无供暖效果。

**4. 电热地板** 在仔猪躺卧区地板下铺设电热缆线,供给电热300~400W/m²,电缆线应铺设在嵌入混凝土内38mm,均匀隔开,电缆线不得相互交叉和接触,每4个栏设置一个恒温器。

**5. 热水加热地板** 仔猪躺卧区地板下铺设热水管,方法是在混凝土地面50mm处铺设热水管,管下部铺设矿棉隔热材料。热水管可以为铁铸管,也可以为耐高温塑料管。

## （二）降温设备

适合畜禽舍有效降温的措施是蒸发降温，即利用水蒸发时吸收汽化热的原理来降低空气温度或增加畜体的散热。蒸发降温在干热地区使用效果更好，在湿热地区效果有限。

常用蒸发降温设备有湿帘风机降温系统、喷雾降温系统、喷淋降温系统和滴水降温系统。

**1. 湿帘风机降温系统** 该系统由湿帘（或湿垫）、风机、循环水路与控制装置组成（图2-35）。湿帘的厚度以100～200mm为宜，干燥地区应选择较厚的湿帘，潮湿地区所用湿帘不宜过厚。

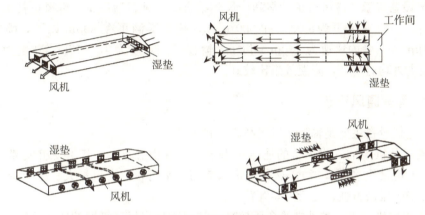

图2-35 湿垫—降温系统的布置示意

当畜禽舍采用负压式通风系统时，将湿帘安装在畜禽舍的进气口，空气通过不断淋水的蜂窝状湿帘降低温度。具有设备简单、成本低廉、降温效果好、运行经济等特点，比较适合高温干燥地区。目前国内使用比较多的是纸质湿帘。它具有耐腐蚀、使用寿命长、通风阻力小、蒸发降温效率高、能承受较高的风速、安装方便、便于维护等特点。此外，湿帘还能够净化进入畜禽舍的空气。湿帘风机降温系统是目前最成熟的蒸发降温系统。实验表明，外界温度高达35～38℃的空气通过蒸发冷却后温度可降低2～7℃。

**2. 喷雾降温系统** 用高压水泵通过喷头将水喷成直径小于100μm雾滴，雾滴在空气中迅速汽化而吸收舍内热量使舍温降低。常用的喷雾降温系统主要由水箱、水泵、过滤器、喷头、管路及控制装置组成（图2-36）。该系统设备简单，效果显著，但易导致舍内湿度提高。当舍温达到设定最高温时，开始喷雾，喷1.5～2.5min，间歇10～20min再继续喷雾。若将喷雾装置设置在负压通风畜禽舍的进风口处，雾滴喷出的方向与进气气流相对，雾滴在下落时受气流的带动而降落缓慢，延长雾滴的汽化时间，提高降温效果。猪、奶牛使用效果较好，鸡舍雾化不全时，易淋湿羽毛影响生产性能。湿热天气不宜使用，因喷雾使空气湿度提高，反而对畜体散热不利，同时还有利于病原微生物的滋生与繁衍，需在水

图2-36 猪舍喷雾降温系统

箱中添加消毒药物。

**3. 间歇喷淋降温系统** 主要用于猪舍和牛舍。该系统由电磁阀、喷头、水管和控制器等组成。电磁阀在控制器控制下，每隔30～50min开启5～10s，使皮肤表面淋湿即可取得良好的效果。由于喷淋降温时水滴粒径不要求过细，可将喷头直接安装在自来水管上，无需加压动力装置，因此成本低于喷雾降温系统。

**4. 滴水降温系统** 主要用于猪舍。滴水降温系统的组成与喷淋降温系统相似，只是将喷头换成滴水器。滴水器应安装在猪只肩颈部上方30cm处，滴水降温系统适用于限位饲养的分娩母猪和单体栏饲养的妊娠母猪等。

**5. 冷风设备降温** 冷风机是喷雾和冷风相结合的一种新型设备。冷风机技术参数各生产厂家不同，一般通风量为6 000～9 000 $m^3$/h，喷雾雾滴可在30$\mu$m以下，喷雾量可达0.15～0.20$m^3$/h。舍内风速为1.0m/s以上，降温范围长度为15～18m，宽度为8～12m。这种设备国内外均有生产，降温效果比较好。

## 二、畜禽舍通风设备

畜禽舍通风设备主要是轴流式风机和离心式风机。

**1. 轴流式风机** 轴流式风机的通风压力小，流量相对较大，其主要组成部分有叶轮、外壳、支座及电动机（图2-37）。这种风机风向与轴平行，具有风量大、耗能少、噪声低、结构简单、安装维修方便、运行可靠等特点。

**2. 离心式风机** 离心式风机的全压较高，常用于具有复杂管网的通风。离心式风机运转时，气流依靠带叶片的工作轮转动时所形成的离心力驱动，故空气进入风机时和叶片轴平行，离开风机时于叶片轴垂直（图2-38）。

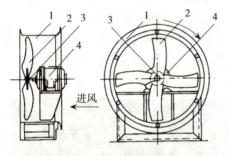

图2-37 轴流式风机
1. 外壳 2. 叶片 3. 电动机转轴 4. 电动机

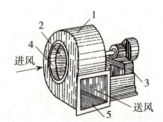

图2-38 离心式风机
1. 蜗牛形外壳 2. 工作轮 3. 机座 4. 进风口 5. 出风口

## 三、畜禽舍灯光控制器

灯光控制是养鸡生产中的重要环节，因鸡舍结构、饲养方式不同其控制方法也不相同，灯光控制器的控制原理、适用范围也不相同。科学选用适合的灯光控制器，既能科学地进行补充光照，又能减少人工控光的麻烦。常见的灯光控制器有可编程序定时控制器（DF-24型）、微电脑时控开关（KG-316型）、全自动渐开渐灭型灯光控制器和全自动速开速灭型灯光控制器。

### 四、畜禽舍清洗消毒设备

为做好养殖场的卫生防疫工作，保证畜禽健康，养殖场必须有完善的清洗消毒设施。包括人员、车辆的清洗消毒和舍内环境的清洗消毒设施设备。

**1. 人员清洗消毒设施**　一般在养殖场入口处设置人员脚踏消毒池，外来人员和本场人员在进入场区前都应经过消毒池对鞋进行消毒。在生产区入口处设有消毒室，消毒室内设有更衣间、消毒池、淋浴间和紫外线消毒灯等。供人员通行的消毒池长 2.5m、宽 1.5m、深 0.05m。紫外线灯照射的时间要达到 5～10min。

**2. 车辆清洗消毒设施**　养殖场的入口处应设置车辆消毒设施，主要包括车轮清洗消毒池和车身冲洗喷淋机。供车辆通行的消毒池长 4m、宽 3m、深 0.1m；消毒液应保证经常有效。

**3. 场内环境消毒设施**　养殖场常用的场内清洗消毒设施有高压清洗机和火焰消毒器。

（1）高压清洗机。可产生 6～7MPa 的水压，用于养殖场内用具、地面、畜栏等的清洗，水管如与盛有消毒液的容器相连，还可进行畜禽舍的消毒（图 2-39）。

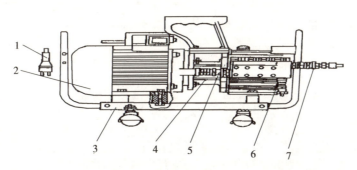

图 2-39　高压清洗机
1. 电源插头　2. 单相电容异步电机　3. 机座
4. 联轴套　5. 进水阀　6. 柱塞泵　7. 出水阀

（2）火焰消毒器。利用煤油燃烧产生的高温火焰对畜禽舍设备及建筑物表面进行燃烧，达到消毒的目的（图 2-40）。火焰消毒器的杀菌率可达 97%，消毒后的设备和物体表面干燥。在使用火焰消毒时，严禁使用汽油或者其他轻质易燃易爆燃料，做好防火工作。

（3）喷雾器。用于对畜禽舍及设备的药物消毒。常用的人力喷雾器有背负式喷雾器和背负式压缩喷雾器。

图 2-40　火焰消毒器

### 五、畜禽舍环境综合控制器

目前，畜禽舍环境综合控制器可对畜禽舍内、外的机械设备进行控制，如加热、冷却降温、喂料、饮水、清粪、光照等，既可分别控制又可联动控制，并有超限报警等功能。

EI-3000 型畜禽舍环境控制系统由 3 个部分组成，即远程网络监控中心、计算机终端和畜禽舍环境控制器。

远程网络监控中心设在公司总部,可实时查看养殖基地、各畜禽舍的环境参数、工作状态和历史记录等信息;计算机终端安装在各养殖基地办公室,可自动接收公司总部远程监控中心发出的指令,自动上传数据并实时监控各畜禽舍的环境参数和工作状态;畜禽舍环境控制器分布在各畜禽舍现场,通过对畜禽舍温度、湿度、氨气、静态压力和供水量等数据进行采集、处理,驱动畜禽舍电气控制器自动启停加热器、湿帘、风机、供水线、湿帘口、风帘口、报警器等设备,实现对畜禽舍的温度、湿度、通风、照明、供水、供料、报警等功能的自动控制。

## 任务评价

1. 常用的畜禽舍供暖设备、蒸发降温设备有哪些?
2. 简述湿帘风机降温系统的组成。
3. 简述养殖场粪便处理工艺。
4. 简述基于无线传感网络的养殖场畜禽舍环境监控系统工作原理。

# 项目三　畜禽舍环境调控

**知识目标**　了解畜禽舍温度、湿度、气流、光照等环境因素与畜禽的关系；掌握畜禽舍温度、湿度、通风换气、光照等环境因素调控的方法及空气质量调控措施。

**技能目标**　会利用畜禽舍环境检测仪器测定畜禽舍温度、湿度、气流、光照、有害气体等卫生指标，并能正确评价畜禽舍卫生状况。

**学习任务**

## 任务1　畜禽舍光照调控

**知识信息**

光照是畜禽舍环境中的一个非常重要的因素，是畜禽生存和生产不可或缺的外界条件，光照对畜禽的影响因畜禽种类不同而不同，畜禽舍光照调控的目的是确保畜禽的光照要求，保证舍内光照符合畜禽生理需求。

### 一、光照与畜禽的关系

#### （一）太阳辐射及其强度

太阳辐射是地球表面热能的主要来源，是产生各种复杂天气现象的根本原因，太阳辐射对畜禽的健康和生产性能有着非常重要的影响。到达地面的太阳辐射强度，除受大气状况的影响外，还与太阳高度角和海拔有关。太阳高度角是指太阳光线与地表水平面之间的夹角。太阳高度角越小，太阳辐射在大气中的射程就越长，被大气减弱的越厉害；太阳高度角的大小取决于地理纬度、季节和一天的不同时间。高纬度地区太阳辐射强度较弱，低纬度地区较强；夏季太阳辐射强度较冬季强；太阳辐射强度的最高值均出现在当地时间的正午。海拔越高，大气的透明度越好，灰尘、二氧化碳等的含量越少，太阳辐射强度越大。

#### （二）太阳辐射光谱

太阳辐射是一种电磁波，其光谱组成按人类的视觉反应，将太阳辐射光谱分为紫外线、可见光和红外线等3个光谱区（表3-1）。

表3-1　太阳辐射的光谱（nm）

| 种类 | 紫外线 | 紫光 | 蓝光 | 青光 | 绿光 | 黄光 | 橙光 | 红光 | 红外线 |
|---|---|---|---|---|---|---|---|---|---|
| 波长 | 4～400 | 400～430 | 430～470 | 470～500 | 500～560 | 560～590 | 590～620 | 620～760 | 760～3×10$^5$ |

### （三）太阳辐射的作用

太阳辐射照射到畜禽有机体后，只有被机体吸收的部分，才能对机体起作用。光线被畜禽机体吸收的程度，与光线对机体的穿透能力成反比。光线被畜禽机体吸收强烈时，进入的深度不大就被吸收殆尽，所以不能进入深层。各种光线对机体的穿透能力的大小顺序是：短波红外线＞红、橙、黄光线＞绿、青、蓝、紫光线＞长波紫外线＞长波红外线＞短波紫外线。由此可见，畜禽机体对紫外线的吸收最为强烈，对可见光的吸收很差，对短波红外线更差。因此紫外线引起的光生物学效应是明显的。

太阳辐射照射到畜禽有机体时，被组织吸收的光能转变为各种形式的能量，并产生不同的效应，如光热效应、光化学效应、光电效应以及光敏作用等。

### （四）紫外线的生物学作用与应用

太阳辐射光谱中紫外线的波长范围为 4～400 nm，但能到达地球表面的紫外线的波长在 290～400 nm，短于 290 nm 的紫外线被臭氧层吸收，人工紫外线灯才能产生短于 290 nm 的紫外线。波长 275～320nm 紫外线，当太阳高度角小于 35°或地理纬度大于 32°的地区该波段的紫外线一般不能到达地面。紫外线对畜禽的作用，与波长有关，根据其对机体的影响，将紫外线分为 3 段。

A 段：波长 320～400nm，生物学作用较弱，有色素沉着作用。

B 段：波长 275～320nm，生物学作用很强，有红斑作用和抗佝偻作用。

C 段：波长 200～275nm，不能到达地面，生物学作用非常强烈，对细胞有巨大的杀伤力。

紫外线的生物学作用，包括有益和有害两个方面。

**1. 有益作用**

（1）杀菌作用。波长在 275nm 以下的紫外线，其化学效应使细菌核蛋白发生变性、凝固而死亡，达到杀菌的目的。在生产中，常把紫外线灯用于空气、物体表面的消毒以及表面创伤感染的治疗。

（2）抗佝偻病作用。波长 275～320nm 紫外线照射皮肤，能使皮肤中的 7-脱氢胆固醇形成维生素 $D_3$，使植物和酵母中的麦角固醇转化为维生素 $D_2$，维生素 D 具有促进小肠对钙、磷的吸收，保证骨骼的正常发育作用。

（3）色素沉着作用。在波长 320～400nm 的紫外线照射下，动物皮肤的基底有一种黑色素细胞，细胞内存在着含有酪氨酶的黑色素小体，能够产生和贮存黑色素，能使皮肤颜色变深。皮肤的黑色素含量增多，能增强皮肤对光线的吸收能力，防止大量的光辐射透入组织深部造成损害，同时还使汗腺加速排汗散热，避免机体过热。

（4）增强机体的免疫力和抗病力。长波紫外线的适量照射，能提高血液中凝集素的凝集，增加白细胞数量，从而增强血液的杀菌和吞噬作用，提高机体的抗病力。

**2. 有害作用**

（1）红斑作用。过度的紫外线照射，被照射部位的皮肤会出现红斑现象。

（2）光照性皮炎。当畜禽采食荞麦苗、三叶草和苜蓿等含光敏性物质的饲料后，饲料中的光敏性物质吸收了大量光子而处于激发态，使皮肤发生反应出现红斑、痛痒、水肿和水泡等症状，引起皮肤光照性皮炎。

（3）皮肤癌。高强度、长期的紫外线照射可使皮肤发生癌变。其中 291～320nm 的紫外线致癌作用最强，白色皮肤发病率高。

（4）光照性眼炎。动物眼睛接受过度的紫外线照射时，可引起结膜炎和角膜炎，称为光照性眼炎。其临床表现为角膜损伤、眼红、灼痛感、流泪和羞明等症状，经数天后消失。最易引起光照性眼炎的波长为295~360nm。长期接触少量的紫外线，可发生慢性结膜炎。

### （五）红外线的生物学作用与应用

红外线的作用主要为光热效应，又称热射线。红外线照射体表，一部分反射，一部分被皮肤吸收，机体吸收红外线的部位主要是皮肤和皮下组织。红外线穿透组织的深度可达8cm，能直接作用于皮肤的血管、淋巴管、神经末梢和其他皮下组织。红外线对畜禽机体的作用包括有益和有害两个方面。

**1. 有益作用**

（1）消肿镇痛。适度的红外线照射，可使畜禽有机体局部温度升高，微血管扩张，血流量增加，促进血液循环，加速组织内各种理化过程，改善组织营养和代谢，使炎症迅速消退，局部渗出液被吸收，而使组织紧张程度下降，肿胀减轻，减缓局部肿痛。因此，在临床上可利用红外线来治疗冻伤、风湿性肌肉炎、关节炎及神经痛等疾病。

（2）御寒。在生产中，常用红外线灯作为热源对雏禽、仔猪、羔羊和弱畜、病畜进行照射，不仅可以增强畜禽御寒能力，而且对生长发育具有一定的促进作用。例如，采用红外线灯保温伞育雏，每盏（125W）可育雏鸡800~1 000只，若用于照射仔猪，一般每盏一窝。

**2. 有害作用**

（1）日射病。波长600~1 000nm红外线能穿透颅骨，使颅内温度升高，引起日射病。为了防止日射病，在运动场应设遮阳棚或植树，放牧畜禽避开日光照射较强的中午。

（2）白内障。波长1 000~1 900nm的红外线长时间照射眼睛时，可使水晶体及眼内液温度升高，水晶体混浊，导致白内障。常见于马属畜禽。因此，在夏季户外长时间放牧或使役时，应注意保护其头部和眼睛。

（3）其他。过度的红外线照射，使表层血液循环增加，内脏血液循环会减少，使胃肠道对特异性传染的抵抗力及消化力下降。另外，影响机体的散热，使体温升高，易发生中暑等。

### （六）可见光的生物学作用与应用

太阳辐射中畜禽产生光感和色感的部分为可见光，它通过视网膜，作用于中枢神经系统。可见光的生物学效应，与光的波长、光照度及光周期等有关。

**1. 波长（光色）** 可见光的波长对畜禽的影响不大。家禽对光色比较敏感，尤其是鸡，鸡在红光下比较安静，啄癖极少，成熟期略迟，产蛋量稍有增加，蛋的受精率较低；在蓝光、绿光或黄光下，鸡增重较快，成熟较早，产蛋较少，蛋重略大，公鸡交配能力增强。

**2. 光照度** 不同的光照度对畜禽所产生的生物学效应存在一定的差异，同一强度的光对于不同畜禽的生物学效应也不相同。处于肥育期的畜禽，过强的光照会引起精神兴奋，休息时间减少，甲状腺的分泌增加，代谢率提高，从而降低了增重速度和饲料利用率。因此，任何畜禽在肥育期，应减少光照度，控制光照时间，便于开展饲养管理工作，满足畜禽的基本活动，如正常采食和饮水等。鸡对可见光十分敏感，对雏鸡来说，0.1~1.0lx的光照度，增重效果较好，进一步增大光照度并无好处。产蛋鸡在0.1~2.0lx下即可正常产蛋，1lx使产蛋量达到较高水平，超过5lx提高产蛋量效果并不明显。当光照度较低时，鸡群保持安静，生产性能与饲料利用率比较高；光照度过大时，容易引起啄羽、啄趾、啄肛和神经质；若突然增强光照，易引起母鸡泄殖腔外翻，会引起重大损失，因此，无论对肉鸡或蛋鸡、成鸡或小鸡光照度均不可过高，均应以5lx为宜，最多不超过10lx。

其他畜禽对光照度的反应阈较高。在5～10lx的光照环境中，公猪和母猪生殖器官的发育较正常光照下差，仔猪生长缓慢，成活率降低，犊牛的代谢机能减弱。因此，处于生长期的幼畜和繁殖用的种畜，光照度应较高，公、母猪舍，仔猪舍等的光照度应控制在50～100lx。肥育畜禽应给予较低的光照度，肥育猪舍、肉牛舍以30～50lx较好。

**3. 光周期对畜禽的影响**　光照时数和强度随春夏秋冬的交替而呈周期性变化，称为光周期。在诸多环境因素中，光照是影响畜禽生理节律的最主要的因素。光照的周期性变化，在其他环境因素的协同作用下，对畜禽的生理节律产生强烈的影响。

(1) 对繁殖性能的影响。在自然界，许多畜禽的繁殖都具有明显的季节性。马、驴、野猪、野猫、野兔、仓鼠和一般食肉、食虫兽及所有的鸟类，在春、夏季日照逐渐延长的情况下发情、配种，称为长日照动物；绵羊、山羊、鹿和一般的野生反刍动物等在秋、冬季日照时间缩短的情况下发情、交配，称为短日照动物。有些动物由于人类的长期驯化，其繁殖的季节性消失，如牛、猪、兔常年发情配种繁殖，对光周期不敏感。

一般而言，延长光照有利于长日照动物繁殖活动。可提高公畜的性欲，增加射精量和精子密度，增强精子活力。将公鸡光照时间从12h/d延长到16h/d，射精量、精子浓度、成活率分别增加14.3%、51.81%、4.3%，畸形率和死精率分别下降41.9%和11.1%。缩短光照可提高短日照公畜的繁殖力，如将绵羊光照时间从13h/d缩短到8h/d，公羊精子活力和正常顶体增加16.6%和27%，用此精液配种，母羊妊娠率和产羔率分别比自然光照组增加35%和150%。在夏季开始时，将母羊光照时间缩短为8h/d，可使繁殖季节提前27～45d。

(2) 对产蛋性能影响。处于产蛋期的母鸡，需要较长的日照，在昼短夜长的冬季，日照时间满足不了母鸡产蛋的生理需要，引起母鸡过早停产。实验证明，光照低于10h，鸡不能正常产蛋；光照低于8h，鸡产蛋停止；光照高于17h，对生产无益。延长光照时间，会促进育成母鸡性早熟，开产日龄较早，一个产蛋期中的平均蛋重下降；反之，性成熟较晚，开产较迟，有利于鸡的生长发育，会提高成年后的产蛋率，增加蛋重。如12月份至翌年1月份孵化出的鸡比6～7月孵出的鸡开产日龄早24d。产蛋鸡最佳光照时间为14～16h/d，突然增加或减少光照时间，会扰乱内分泌系统机能，导致产蛋率下降。

(3) 对生长肥育和饲料利用率的影响。采用短周期间歇光照，可刺激肉用仔鸡消化系统发育，增加采食量，降低活动时间，提高增重和饲料转化率。采用间歇光照，可提高肉鸭日增重，降低腹脂率和皮脂率；每日光照时间从8h延长到15h，3～6月龄牛的胸围增加31.8%，平均日增重增加10.2%。种用畜禽光照时数应适当长一些，以利活动，增强体质；育肥畜禽应适当短一些，以减小活动，加速肥育。

(4) 对产奶量的影响。哺乳动物的产奶量，一般都是春季逐渐增多，5～6月达到高峰，7月大幅跌落，10月又慢慢回升。这与牧草生长规律、光照时数和温度变化有着直接关系。据试验，延长光照时间有利于提高产乳量，16～18h/d光照的奶牛比8～9h/d和24h/d光照的奶牛，产乳量高7%。

(5) 对产毛的影响。羊毛一般都是夏季生长快，冬季慢，大多数动物皮毛的成熟，都是在短日照的秋、冬季发生。牛、羊、马、猪、兔和禽类都有季节性换毛的现象，也是由光照周期性变化引起的。在自然界，鸡在日照时间逐渐缩短的秋季开始换毛，牛在日照时间延长的春季脱去绒毛，换上粗毛。养鸡场对成年母鸡实行16~17h的恒定光照制度，鸡的羽毛因光周期不变一直不能换羽。因此，生产上可用缩短光照等措施，使鸡强制换羽，控制产蛋周期。

（6）对健康的影响。连续光照使肉用仔鸡关节变形（外翻和内翻）、脊椎强直和膝关节增大，发病率增加。将光照时间从23h/d减少到16h/d，肉用仔鸡死亡率从6.2%降低到1.6%。猪对光刺激的反应阈值较高，当光照度由10 lx增加到60 lx再增加到100 lx时，仔猪的发病率下降24.8%~28.6%，成活率提高19.7%~31.0%。

**小贴士**

畜禽对光照发生有规律的反应，是它们长期生活在一定的条件下形成的遗传性，这种特性表现在发情、繁殖及其他方面，如脱毛、换羽等。近年来，随着人类对畜禽的培育程度越来越高，畜禽对光的反应逐渐减弱。马、驴、牛、羊、狗、猫等动物的被毛在每年的一定季节脱换，最主要的原因是光周期的变化，也与气温有关。

## 二、畜禽舍的光照调控

畜禽舍内采光分自然采光和人工照明两种。自然光照的时间和强度有明显的季节性，一天之中太阳高度也在不断变化，导致舍内照度不均匀。对于开放舍或半开放舍，南墙有很大的开放部分，主要借助自然光照以满足生产需要。封闭舍也以自然光照为主，但为了克服自然光照的不稳定性，这种畜禽舍必须设置人工照明来控制舍内的光照时间和光照度，以满足畜禽生产对光照的需要。

### （一）自然采光调控

自然采光取决于太阳直射光或散射光通过畜禽舍开露部分进入舍内的量。进入舍内的光量与畜禽舍朝向、舍外情况、窗户的设置、舍内设施等因素有关。自然采光调控的任务就是通过合理设计采光窗的面积、位置、数量和形状，保证畜禽舍自然光照的要求，并尽量使光照分布均匀。

**1. 确定窗口面积** 窗口面积可根据采光系数来确定。采光系数是指窗户的有效采光面积（即窗户玻璃的总面积）与舍内地面面积之比。采光系数越大，采光效果越好。各种畜禽舍的采光系数因畜禽的种类不同而不同（表3-2）。根据采光系数（$K$）可计算畜禽舍窗户面积，其公式为：

$$A=\frac{K\times F_d}{\tau}$$

式中，$A$为采光窗口的有效面积（$m^2$）；$K$为采光系数；$F_d$为舍内地面面积（$m^2$）；$\tau$为窗扇遮挡系数，单层金属窗为0.80，双层金属窗为0.65，单层木窗为0.70，双层木窗为0.50。

为简化计算，窗户面积可按1间畜禽舍面积确定（即间距×跨度，也称"柱间距"）。利用采光系数计算的窗户面积，只能保证畜禽舍内的自然采光需求，若不能满足夏季的通风要求，建议酌情扩大。

表3-2 不同畜禽舍的采光系数

| 畜禽舍 | 采光系数 | 畜禽舍 | 采光系数 |
|---|---|---|---|
| 奶牛舍 | 1：12 | 成年绵羊舍 | 1：（15～25） |
| 肉牛舍 | 1：16 | 羔羊舍 | 1：（15～20） |
| 犊牛舍 | 1：（10～14） | 成鸡舍 | 1：（10～12） |
| 种猪舍 | 1：（10～12） | 雏鸡舍 | 1：（7～9） |
| 肥猪舍 | 1：（12～15） | 母马及幼驹舍 | 1：10 |

在实际生产中，当窗户面积一定时，增加窗户的数量可减小窗间距，以改善舍内光照的均匀度，并且将窗户两侧的墙棱修成斜角，使窗洞呈喇叭形，以提高光照效果。

**2. 确定窗口位置**

（1）根据采光窗入射角和透光角确定。根据入射角和透光角来确定窗户的上、下缘高度（图3-1）。窗户入射角（α）是指窗户上缘（或屋檐下端）一点向地面纵中线所引的垂线与地面间的夹角。入射角越大，越有利于采光。为了保证畜禽舍内的采光，入射角一般不应小于25°。透光角（β）又称开角，是指窗户上缘（或屋檐下端）一点和窗户下缘内侧一点分别向地面纵中线所引垂线形成的夹角。透光角越大，越有利于畜禽舍的自然采光。为增大透光角，可以增大屋缘和窗户上缘的高度，或降低窗台的高度等。但是，窗台高度过低，会使阳光直射于畜禽头部，不利于畜禽健康，尤其是马属动物。因此，马舍窗台高度以1.6～2.0m为宜，其他畜禽以1.2m左右为好。为了保证舍内适宜的照度，要求畜禽舍的透光角不小于5°。

由图3-1可知，窗口上、下缘至地面的高度 $H_1$ 和 $H_2$ 分别为：

$$H_1 = \tan\alpha \times S_1$$
$$H_2 = \tan(\alpha-\beta) \times S_2$$

式中，$H_1$、$H_2$ 分别为窗口上、下缘至舍内地坪的高度（m）；$S_1$、$S_2$ 分别为畜禽舍中央一点到外墙和内墙的水平距离。

要求 $\alpha \geq 25°$，$\beta \geq 5°$，$\alpha-\beta \leq 20°$，故 $H_1 \geq 0.4663 S_1$，$H_2 \leq 0.364 S_2$。

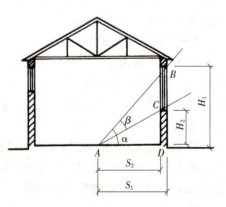

图3-1 入射角（α）和透光角（β）

（2）根据太阳高度角确定。从防暑和防寒考虑，我国大部分地区夏季都不应有直射光线进入舍内，而冬季则希望尽可能多的阳光照射到畜床上。为了达到这种要求，可通过合理的设计窗户的出檐宽度和窗户上、下缘高度。当窗户上缘外侧（或屋檐）与窗户内侧所引直线同地面之间的夹角小于当地夏至日的太阳高度角时，能防止夏至前后太阳直射光进入舍内；当畜床后缘与窗户上缘（或屋檐）所引直线同地面之间的夹角大于当地冬至日的太阳高度角时，就能保证冬至前后太阳光线进入舍内，直射在畜床上（图3-2）。

太阳高度角计算公式：

$$h = 90° - \phi + \sigma$$

式中，$h$ 为太阳高度角；$\phi$ 为当地的纬度；$\sigma$ 为太阳赤纬（夏至时为 $23°27'$，冬至时为 $-23°27'$，春分和秋分时为 $0°$）。

设计畜禽舍时，根据畜禽需求，参考该方法确定窗户上、下缘高度，但畜禽舍出檐一般不超过 0.8m，过长则会造成施工困难。

**3. 窗户数量、形状和布置** 窗户数量的确定应首先根据当地气候特点来确定南北窗面积比例，然后考虑照度均匀和畜禽舍结构

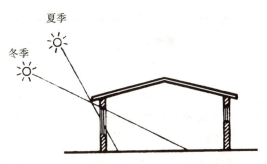

图 3-2 根据太阳高度角设计窗户上缘的高度

对窗间宽度的要求来确定。炎热地区南北窗面积之比为（1～2）：1，夏热冬冷和寒冷地区可为（2～4）：1。为使采光均匀，每间畜禽舍窗户面积一定时，增加窗户数量可以减小窗间距，从而提高舍内光照均匀度。

从采光效果看，立式窗户比卧式窗户效果好。但立式窗户散热较多，不利于冬季的保温，所以在寒冷的地区，南墙设立式窗户，北墙设卧式窗户。布置窗户时应根据各种畜禽对采光、通风的要求以及畜禽舍的跨度，做到适用、实用为宜。

### （二）人工光照调控

人工光照是在畜禽舍内安装光源进行照明，不仅应用于密闭式畜禽舍，也可用于自然采光的畜禽舍作为补充光照。其特点是可以人工控制，受外界因素影响小，但造价大，投资多。

**1. 灯具的选择** 根据灯具的特性选择种类，主要有白炽灯与荧光灯（日光灯）两种。荧光灯比白炽灯节约电能，光线比较柔和，不刺眼睛，温度为 21.0～26.7℃荧光灯的光照效率最高；但存在设备投资较大，温度低时不易启亮等缺点。现代养鸡场为节约电能也可采用节能灯，节能灯是一种紧凑型荧光灯，其发光强度是白炽灯的 5～6 倍。

**2. 灯具总功率的确定** 根据畜禽舍光照标准（表 3-3、表 3-4）和 $1m^2$ 舍内地面设 1W 光源提供的光照度（表 3-5），计算畜禽舍所需光源总功率。

光源总功率=（畜禽舍适宜照度/$1m^2$ 地面设 1W 光源提供的光照度）×畜禽舍总面积

表 3-3 畜禽舍人工光照标准

| 畜禽舍 | 光照时间（h） | 光照度（lx） | |
|---|---|---|---|
| | | 荧光灯 | 白炽灯 |
| 牛舍：奶牛舍、种公牛舍、后备牛舍饲喂处 | 16～18 | 75 | 30 |
| 休息处或单栏，单元内产间 | | 50 | 20 |
| 卫生工作间 | | 75 | 30 |
| 产房 | | 150 | 100 |
| 犊牛室 | | 100 | 50 |
| 带犊母牛的单栏或隔间 | | 75 | 30 |
| 青年牛舍（单栏或群饲栏） | | 50 | 20 |
| 肥育牛舍（单栏或群饲栏） | | 50 | 20 |

(续)

| 畜禽舍 | 光照时间（h） | 光照度（lx） | |
|---|---|---|---|
| | | 荧光灯 | 白炽灯 |
| 饲喂场或运动场 | 14~18 | 5 | 5 |
| 挤乳厅、乳品间、洗涤间、化验室 | 6~8 | 150 | 100 |
| 羊舍：母羊舍、公羊舍、断乳羔羊舍 | | 75 | 30 |
| 育肥羊舍 | 8~10 | 50 | 20 |
| 产房及暖圈 | | 100 | 50 |
| 剪毛站及公羊舍内调教场 | 16~18 | 200 | 150 |
| 鸡舍：0~3日龄 | 23 | | 30 |
| 4日龄~19周龄 | 23渐减或突减为8~9 | 50 | 5 |
| 成鸡舍 | 14~16 | | 10 |
| 肉用仔鸡舍 | 23或3明1暗 | 0~3日龄为25，以后减为5~10 | |
| 兔舍及皮毛兽舍：封闭式兔笼、各种皮毛兽笼（棚） | 16~18 | 75 | 50 |
| 幼兽舍 | 16~18 | 10 | 10 |
| 毛长成的商品兽棚 | 6~7 | | |

表3-4 猪舍采光参数

| 猪群类别 | 自然光照 | | 人工照明 | |
|---|---|---|---|---|
| | 采光系数 | 辅助照明（lx） | 光照度（lx） | 光照时间（h） |
| 种公猪 | 1：(10~12) | 50~75 | 50~100 | 10~12 |
| 成年母猪 | 1：(12~15) | 50~75 | 50~100 | 10~12 |
| 哺乳母猪 | 1：(10~12) | 50~75 | 50~100 | 10~12 |
| 哺乳仔猪 | 1：(10~12) | 50~75 | 50~100 | 10~12 |
| 保育仔猪 | 1：10 | 50~75 | 50~100 | 10~12 |
| 育肥猪 | 1：(12~15) | 50~75 | 30~50 | 8~12 |

表3-5 $1m^2$ 舍内地面设1W光源提供的光照度

| 光源种类 | 荧光灯 | 白炽灯 | 卤钨灯 | 自整流高压水银灯 |
|---|---|---|---|---|
| 1W光源提供的光照度（lx） | 12.0~17.0 | 3.5~5.0 | 5.9~7.0 | 8.0~10.0 |

**3. 确定灯具的数量和每盏灯泡的功率** 灯具的行距和灯距约按3m布置，靠墙的灯距为内部灯距的1/2。布置方案确定后，即可算出所需灯具的数量。根据总功率和数量，算出每盏灯的瓦数。

**4. 灯具的安装** 为使舍内照度均匀，应尽量降低灯的瓦数而增加灯具的数量，两排以上时应左右交错排列。笼养家禽时，灯具除左右交错排列外，还应上下交错排列来保证底层笼的光照度，因此，灯具一般设置在两列笼间的走道上方。

灯的高度直接影响地面的光照度，在实际生产中，灯高一般为2.0~2.4m，每$0.37m^2$鸡舍配置1W的灯具或$2.7W/m^2$配置，可获得相当于10.76lx的照度。多层笼养鸡舍为使底层有足够的照度，设置灯具时，光照度应适当提高一些，一般按 $3.3\sim3.5W/m^2$ 的要求设计。为使地面获得 10.76lx 的光照度，白炽灯的高度设置见表3-6。

表3-6　白炽灯安装高度

| 光源（W） | 15 | 25 | 40 | 60 | 75 | 10 |
|---|---|---|---|---|---|---|
| 有灯罩安装高度（m） | 1.0 | 1.4 | 2.0 | 3.1 | 3.2 | 4.1 |
| 无灯罩安装高度（m） | 0.7 | 0.9 | 1.4 | 2.1 | 2.3 | 2.9 |

**5. 卫生要求**

（1）光照度足够。应满足畜禽最低光照度的要求。蛋鸡、种鸡舍为10lx，肉鸡、雏鸡5lx，其他畜禽为便于饲养员的工作考虑，地面照度以10lx为宜。

（2）保持灯泡清洁。脏灯泡发出的光比干净灯泡减少约1/3，因此，要定期对灯泡进行擦拭。同时，设置灯罩不仅能保持灯泡表面的清洁，还可提高光照度，使光照度增加50%。一般采用平型或伞形灯罩，避免使用上部敞开的圆锥形灯罩。

（3）其他要求。鸡舍内设置灯泡功率不可过大，应以40～60W的白炽灯或6～18W的节能灯为宜；灯具不可使用软线悬吊，以防被风吹动，使鸡受惊；设置可调变压器，使电灯在开、关时有渐亮、渐暗的过程。养殖场多采用全自动电脑定时光控器，有效补充光照，提高生产效率。

**6. 鸡的人工光照制度**　现代鸡场人工控制光照已成为必要的管理措施，种鸡和蛋鸡基本相同，肉用仔鸡自成一套。

（1）种鸡和蛋鸡的光照制度。光控的目的是使鸡适时性成熟，主要有两种方法。

①渐减渐增法：是利用有窗鸡舍培育小母鸡的一种光照制度。先预计自雏鸡出壳至开产时（蛋鸡20周龄、肉鸡22周龄）的每日自然光照时数，加上7h即为出壳后第3天的光照时数，以后每周光照时间递减20min，到开产前恰为当时的自然光照时数（8～9h），这有利于鸡的生长发育，可使鸡适时开产。此后每周增加1h，直到光照时数达到16～17h/d后，保持恒定。使鸡群的产蛋率持续升高，很快进入产蛋高峰，并可提高初产蛋重。

②恒定法：是培育小母鸡的一种光照制度，除第1周光照时间较长外，通过短期过渡，使其他育雏和育成期间（蛋鸡20周龄、肉鸡22周龄）每日光照时间为8～9h并保持不变。开产前期光照骤增到13h/d，以后每周延长1h，达到16～17h/d保持恒定。此法操作简单，适用于无窗畜禽舍。

（2）肉用仔鸡的光照制度。光照的目的是提供采食时间，促进生长，光照度不可太强，弱光可降低鸡的兴奋性，使其保持安静，有利于肉鸡的增重。

①持续光照制度：在雏鸡出壳后1～2d通宵照明，3日龄至上市出栏，每日采用23h光照，1h黑暗。也可在饲养中后期，鉴于仔鸡已熟悉采食、饮水等位置，为节约电能，夜间不再开灯。

②间歇光照制度：即雏鸡在幼雏期间给予连续的光照，然后变为5h光照、1h黑暗，再过渡到3h光照、1h黑暗，最后变为1h光照、3h黑暗，并反复进行。肉用仔鸡采用此法有利于提高采食量、日增重、饲料利用率和节约电力，但饲槽饮水器的数量需要增加50%。

> **小贴士**
>
> ## 数字式照度计的使用
>
> 1. 构造原理　照度计由光电探头（内装硅光电池）和测量表两部分组成。当光电头曝光时，由光的强弱产生相应的光电流，并在电流表上指示出照度数值（图3-3）。
>
> 2. 操作步骤
>
> （1）使用前检查量程开关，使其处于"关"的位置。
>
> （2）将光电探头的插头插入仪器的插孔中。
>
> （3）调零：依次按下电源键、照度键、量程键。若显示窗不是0，应进行调整；调零后，应把量程键关闭。
>
> （4）测量：取下光电头上的保护罩，将光电头置于测点的平面上。将量程开关由"关"的位置依次由高档拨至低档处进行测定。测量时，为避免光引起光电疲劳和损坏仪表，应根据光源强弱，按下量程开关，选择相应的档次进行观测。
>
> （5）测量完毕，将量程开关恢复到"关"的位置，并将保护罩盖在光电头上，拔下插头，整理装盒。
>
> （6）测定舍内照度时，高度选择在离地面80cm以上，一般以100m² 布10个测点进行，测点不能紧靠墙壁，距墙0.1m以上。

图3-3　数字式照度计

## 技能训练

### 一、畜禽舍采光效果测定与评价

调研某养殖场，将相关信息填入表3-7。

表3-7　畜禽舍采光效果测定与评价

| 实训单位名称 | | | 地址 | |
|---|---|---|---|---|
| 畜禽种类 | | | 饲养头数 | |
| 采光系数测定 | 畜禽舍窗户数 | 窗户玻璃数 | 玻璃面积（m²）长×宽 | |
| | 畜禽舍窗户总有效面积（m²） | 窗户数×玻璃数×玻璃面积＝ | | |
| | 畜禽舍地面面积 | 采光系数 | | |
| 入射角和透光角测定（如右图） | $H_1$ (m) | $S_1$ (m) | $\tan\alpha = H_1/S_1$ | |
| | $H_2$ (m) | $S_2$ (m) | $\tan(\alpha-\beta) = H_2/S_1$ | |
| | 查反函数表，得入射角∠$\alpha$=　　　　；透光角∠$\beta$=　　　　。 | | | |

(续)

| 光照度测定（照度计法） | 测定位置 | | | | | | | 平均值 | |
|---|---|---|---|---|---|---|---|---|---|
| | 光照度（lx） | | | | | | | | |

| 综合评定 | 评价依据： |
|---|---|
| | 评价结论： |
| | 测定与评价人：_____ 日期：_____年___月___日 |

| 教师评价 | （根据表中数据的准确性和学生学习态度、团队配合能力、社会观察能力和实践能力综合评定。） |
|---|---|
| | 指导教师：_____ 日期：_____年___月___日 |

## 二、产蛋鸡舍人工光照灯具的配置与安装

调研某蛋鸡场，将相关信息填入表3-8。

**表3-8 产蛋鸡舍人工光照灯具的配置与安装**

| 实训单位名称 | | 地址 | |
|---|---|---|---|
| 畜禽种类 | | 饲养只数 | |

| 灯具数量的计算 | S：鸡舍地面面积（m²） | | R：每平方米地面应获得的灯具瓦数（W/m²） | |
|---|---|---|---|---|
| | W：每盏灯具的瓦数（W） | | 灯具个数： $N=\dfrac{S\times R}{W}$ | |

| 灯具的安装 | 灯具类型 | | 灯具规格（W） | | 灯具间距（m） | |
|---|---|---|---|---|---|---|
| | 灯具与墙体间距（m） | | 灯高（m） | | 灯具安装列数 | |
| | 是否有光控仪 | | 有无灯罩 | | 总开关数（个） | |
| | （请绘出某产蛋鸡舍人工光照示意图，并粘贴此处。） | | | | | |

| 综合评定 | 评价依据： |
|---|---|
| | 评价结论： |
| | 测定与评价人：_____ 日期：_____年___月___日 |

| 教师评价 | （根据表中内容的准确性和学生学习态度、团队配合能力、社会观察能力和实践能力综合评定。） |
|---|---|
| | 指导教师：_____ 日期：_____年___月___日 |

## 任务评价

### 一、名词解释

太阳辐射　日射病　热射病　太阳高度角　长日照动物　短日照动物　采光系数　入射角　透光角　恒定光照法　渐减渐增法　间歇光照法

### 二、选择题

1. 称为热射线的是（　　）。
   A. 紫外线　　　　B. 红外线　　　　C. 可见光　　　　D. 青光
2. 属于长日照动物的是（　　）。
   A. 猪　　　　　　B. 鸡　　　　　　C. 绵羊　　　　　D. 奶牛
3. 各种光线对畜禽机体的穿透能力最强的是（　　）。
   A. 红外线　　　　B. 可见光　　　　C. 紫外线
4. 畜禽机体对各种光线的吸收能力最强的是（　　）。
   A. 红外线　　　　B. 可见光　　　　C. 紫外线
5. 蛋鸡饲养中光照时间一般规定为（　　）h，最长不超过（　　）h。
   A. 8　　　　　　B. 10　　　　　　C. 14～16　　　　D. 17　　　　E. 23
6. 产蛋鸡光照过强易引起啄癖、神经质等现象，生产中一般光照度为（　　）lx。
   A. 5　　　　　　B. 8　　　　　　　C. 10　　　　　　D. 17　　　　E. 23
7. 雏鸡和肉鸡饲养管理中光照度一般（　　）lx 为宜。
   A. 5　　　　　　B. 8　　　　　　　C. 10　　　　　　D. 17　　　　E. 23

### 三、连线题

红外线过度照射　　　　　　　　　　　日射病
光照过强　　　　　　　　　　　　　　啄肛
紫外线过度照射　　　　　　　　　　　杀菌
育成鸡缩短光照时间　　　　　　　　　光照性皮炎
紫外线消毒室停留 10min　　　　　　　保温
仔猪箱内悬挂红外线灯　　　　　　　　推迟性成熟

### 四、填空题

1. 紫外线杀菌作用最适宜的环境条件是温度为_____、湿度为_____。
2. 太阳辐射的一般生物学作用有_____、_____、_____和_____。
3. 畜禽舍窗户的入射角要求不小于_____度，透光角不小于_____度。
4. 畜禽舍窗户面积=_____。
5. 畜禽舍窗户的形状有_____和_____窗，其中_____窗保温效果好，故设置在畜禽舍的_____墙；而_____窗采光效果好，故设置在畜禽舍的_____墙。
6. 人工照明设计中光源种类有_____、_____和_____灯。其安装高度为

_____ m，灯距为_____ m，行距为_____ m。

### 五、简答题

1. 简述紫外线和红外线的作用及生产应用。
2. 光照的季节性变化对畜禽健康和生产性能有何影响？
3. 采光系数如何测定？
4. 畜禽舍的透光角和入射角如何测定？
5. 如何使用照度计测定畜禽舍的光照度？
6. 灯具安装的要求及注意事项有哪些？
7. 试设计某万只产蛋鸡舍的灯具配置及安装。

## 任务2　畜禽舍温度调控

### 知识信息

#### 一、气温的来源与变化规律

**（一）气温的来源**

外界自然环境的气温来源于太阳辐射。它经过大气层的减弱后到达地面，一部分被地面反射掉，其余的被地面吸收，使地面增热，地面再通过辐射、传导和对流将热量传递给空气，这部分热量是引起气温变化的主要原因。但太阳辐射被大气吸收对空气增热作用很小，正常情况下，只能使气温升高 0.015～0.020℃/h。

**（二）气温的变化规律**

因太阳辐射强度随当地纬度、季节和每天不同时间而变化，因此某一地区的气温也随时间和季节发生周期性的变化。

**1. 气温的日变化**　一天当中，通常凌晨日出之前气温最低，日出后气温逐渐回升，14:00左右达到最高，以后气温逐渐下降到次日日出前为止。在气象学中，将一天中的气温最高值与最低值之差称为"气温日较差"。气温日较差的大小与纬度、季节、地势、下垫面、天气和植被等因素有关。气温日较差各地不同，但总的趋势是从东南向西北递增。东南沿海一带在8℃以下，秦岭与淮河一线以北达10℃以上，西北内陆地区达15～25℃。

**2. 气温的年变化**　一年当中，一般是1月气温最低，7月最高。在气象学中，最热月份与最冷月份的平均温度之差，称为"气温年较差"。气温年较差的大小受纬度、距海的远近、海拔的高低、降水和云量等因素的影响。我国南北气温在1月相差很大，平均纬度每向北递增1°，气温下降1.5℃；而7月则南北普遍炎热，南起广州，北至北京北部，平均气温均达28℃左右，说明夏季温度与纬度的关系很小，而与地势高低和距海远近的关系较大。

除了上述的气温周期性变化外，还有非周期性变化，是由大规模的空气水平运动引起的。例如，当春季气温回升后，常因北方冷空气的入侵，又使得气温突然下降。在秋末冬初气温下降后，一旦从南方流来暖空气，又会出现气温陡增的现象。

## 二、畜禽舍内温度的来源与分布

**1. 畜禽舍内温度的来源** 封闭舍内的实际温度状况，主要取决于畜禽舍的外围护结构的保温隔热能力、畜禽舍的大小和高度、饲养密度等。畜禽舍内空气的温度，主要产自畜禽机体散发的热量。据测定，在适宜温度下，一栋容纳 2 万只产蛋鸡的舍内，散发可感热（非蒸发散热）621.6MJ/h；100 头体重 500kg、平均日产奶量 20kg 的成年乳牛，1h 散发可感热 116.68MJ。另外，供暖幼畜禽舍的热量来自于供暖设备。若畜禽舍保温性能良好，可依靠畜禽散发的热量维持环境温度；相反，舍内温度显著受舍外气温的影响。炎热季节，畜禽舍内温度大部分来自舍外空气和太阳辐射热，隔热性能良好的畜禽舍，舍内炎热程度得到显著改善，隔热性能差的畜禽舍，舍温可能高于舍外。

**2. 畜禽舍内温度的分布规律** 畜禽舍内由于潮湿温暖空气上升，畜体散热、外围护结构的保温隔热性能、通风条件等差异，温度分布并不是均匀的。从垂直方向看，一般是天棚和屋顶附近较高，地面附近较低。如果天棚和屋顶保温能力强，舍内空气的垂直温度分布很有规律，且差别不大。如果天棚和屋顶保温能力差，舍内的热量很快向上散失，就有可能出现相反的情况，即天棚和屋顶附近温度较低，而地面附近较高。所以，在寒冷的冬季，为加强保温，要求天棚与地面附近的温差不超过 2.5~3.0℃，或每升高 1m，温差不超过 0.5~1.0℃。从水平方向看，舍中央高，而靠近门、窗和墙壁的区域温度则较低。畜禽舍的跨度越大，这种差异越显著。实际差异的程度，取决于门、窗和墙壁的保温能力。保温能力强，则差异小；保温能力差，则差异大。因此，在寒冷的冬季，要求舍内平均气温与墙壁内表面的温差不超过 3℃；当舍内空气潮湿时，此温差不宜超过 1.5~2.0℃。了解舍内空气温度的分布状况，对于安置畜禽、设置通风管等具有重要的意义。如在笼养的育雏室中，应设法将发育较差、体质较弱的雏鸡安置在上层；初生仔猪怕冷，可安置在畜禽舍中央。

## 三、畜禽的等热区和临界温度

### （一）等热区和临界温度的概念

**1. 等热区** 恒温动物主要依靠物理调节维持体温正常时的环境温度范围称为等热区。在这个温度范围内，畜禽不需动用化学调节，因而产热量处于最低水平。将等热区的下限温度称为临界温度，当低于这个温度，畜体散热量会增多，通过物理调节无法使动物保持体温正常，必须提高自身代谢水平以增加产热量。等热区上限又称"过高温度"，高于这个温度时机体散热受阻，物理调节不能维持体温恒定，体温升高，代谢率可提高。由此可见临界温度和过高温度之间的环境温度范围，也就是等热区（图 3-4）。

**2. 舒适区** 等热区中间有一温度区间，在此区间内动物有机体代谢产热刚好等于散热，不需要物理调节就能维持体温正常，动物最舒适，故称为舒适区。温度高于舒适区时开始受热应激，动物出现皮肤血管扩张、体温升高、呼吸加快和出汗等热调节过程；相反，温度低于舒适区以下开始受冷应激，动物出现皮肤血管收缩、被毛竖立和肢体蜷缩等。

### （二）影响等热区和临界温度的主要因素

**1. 畜禽种类** 畜禽种类不同，体型大小不同，每单位体重的体表面积不同，散热也不同。凡体型较大、单位体重表面积较小的畜禽，均较耐低温而不耐热，其等热区较宽，临界温度较低。在完全饥饿状态下测定的临界温度：兔子 27~28℃，鸡 28℃，猪 21℃，阉牛

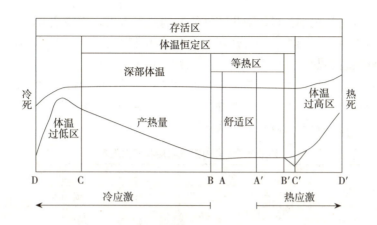

图3-4 等热区与临界温度
A. 舒适区下线温度　A′. 舒适区上线温度　B. 临界温度　B′. 过高温度
C. 体温开始下降温度　C′. 体温开始上升温度　D. 冻死温度　D′. 热死温度

18℃；在完全饥饿状态下测定的等热区：鸡28～32℃，山羊20～28℃，绵羊21～25℃。

**2. 年龄和体重**　临界温度随年龄和体重的增大而下降，等热区随年龄和体重的增大而变宽。幼龄畜禽因临界温度较高而等热区较窄。例如，体重1～2kg的哺乳仔猪为29℃，体重6～8kg下降为25℃，体重20kg为21℃，60kg和100kg分别为20℃和18℃。

**3. 皮毛状态**　被毛浓密或皮下脂肪发达的畜禽，保温性能好，等热区较宽，临界温度较低。例如，饲喂维持日粮的绵羊，被毛长1～2mm（刚剪毛时）的临界温度为32℃，被毛长18mm的为20℃，120mm的为-4℃。

**4. 营养水平**　营养水平越高，则体增热越多，动物耐寒而临界温度低，等热区宽。例如，被毛正常的阉牛，维持饲养时临界温度为7℃，饥饿时升高到18℃；刚剪毛摄食高营养水平日粮的绵羊为25.5℃，使用维持日粮的为32℃。

**5. 生产力**　畜禽在泌乳、劳役、妊娠、生长、肥育等生产过程中会产生一定的热量。凡生产力高的畜禽其代谢强度大，体内分泌合成的营养物质多，产热就多，故临界温度较低。例如，日产乳9.5kg的乳牛，临界温度为-6℃，而日产乳19kg时则下降到-18℃。

**6. 管理方式**　适当增加饲养密度，可减少体热的散失，临界温度较低；相反单个饲养的畜禽，体热散失就较多，临界温度较高。例如：将4～6头体重1～2kg的仔猪饲养在同一圈栏内，其临界温度为25～30℃；如果进行个别测定，则上升到34～35℃。此外，较厚的垫草或加强畜禽舍保温隔热设计，能使临界温度下降。

**7. 动物的适应性**　生活在寒冷地区的畜禽，由于长期处于低温环境，其代谢率高，等热区较宽，临界温度较低。而炎热地区的畜禽恰好相反。

### （三）等热区和临界温度对生产实践的指导意义

**1. 制定饲养管理方案和设计畜禽舍的重要依据**　由于影响等热区和临界温度的因素很复杂，对于不同种类、年龄、体重、生产力、被毛状态的畜禽应分别采用不同饲养管理措施。

**2. 为畜禽舍内环境温度调控提供参考**　各种畜禽在等热区内，代谢率最低，产热量最少，饲料利用率、生产性能、抗病力均较高，饲养成本最低，经营畜牧业最为有利。

在某些地区，如果单纯追求畜禽舍温度应达到等热区，可能会引起较高的投资或运营成本。有时略微放宽这一范围,可能对生产性能影响并不太大,而投资和生产成本下降较多。因此,生产中常常可能选用略宽于等热区的生产适宜温度范围,这样更切合实际。

### (四) 畜禽的适宜温度

在一般的畜禽养殖场,由于自然条件和人为因素所限,很难将环境温度准确控制在等热区范围内。应根据不同地区条件、畜禽种类、品种和年龄等对空气温度的要求而定,各种畜禽生产环境界限和适宜温度范围各异(表3-9至表3-12)。

表3-9　猪舍内空气温度和相对湿度

| 猪舍类别 | 空气温度(℃) | | | 相对湿度(%) | | |
| --- | --- | --- | --- | --- | --- | --- |
| | 舒适范围 | 高临界 | 低临界 | 舒适范围 | 高临界 | 低临界 |
| 种公猪舍 | 15~20 | 25 | 13 | 60~70 | 85 | 50 |
| 空怀妊娠母猪舍 | 15~20 | 27 | 13 | 60~70 | 85 | 50 |
| 哺乳母猪舍 | 18~22 | 27 | 16 | 60~70 | 80 | 50 |
| 哺乳仔猪保温箱 | 28~32 | 35 | 27 | 60~70 | 80 | 50 |
| 保育猪舍 | 20~25 | 28 | 16 | 60~70 | 80 | 50 |
| 生长育肥猪舍 | 15~23 | 27 | 13 | 65~75 | 85 | 50 |

表3-10　奶牛舍内温度、最高温度和最低温度

(黄昌澍,《家畜气候学》,1989)

| 牛舍类别 | 最适宜(℃) | 最低(℃) | 最高(℃) |
| --- | --- | --- | --- |
| 成母牛舍 | 9~17 | 2~6 | 25~27 |
| 犊牛舍 | 10~18 | 4 | 25~27 |
| 产房 | 15 | 10~12 | 25~27 |
| 哺乳犊牛舍 | 12~15 | 3~6 | 25~27 |

表3-11　肉牛的适宜温度及生产环境温度

| 种类 | 适宜温度范围(℃) | 生产环境温度(℃) | |
| --- | --- | --- | --- |
| | | 低温(≥) | 高温(≤) |
| 犊牛 | 13~25 | 5 | 30~32 |
| 肥育牛 | 4~20 | -10 | 32 |
| 肥育阉牛 | 10~20 | -10 | 30 |

表3-12　羊、鸡生产中较为可行的温度范围

| 畜禽 | | 生产中较为可行的温度范围(℃) | 最适温度(℃) |
| --- | --- | --- | --- |
| 羊 | 母绵羊 | 5~30 | 13 |
| | 初生羔羊 | 24~27 | 24~27 |
| | 哺乳羔羊 | 10~25 | 10~15 |
| 鸡 | 蛋用母鸡 | 10~24 | 13~20 |
| | 肉用仔鸡 | 21~27 | 24 |

## 四、气温对畜禽的影响

当气温高于或低于临界温度时,对畜禽的健康状况和生产性能都会产生不良影响,其影响程度取决于温度的高低和持续时间的长短。温度越高或越低,持续时间越长,则影响越大。

## （一）气温与畜体的热调节

**1. 高温时的热调节**

（1）增加散热。当气温升高时，但与体温仍有一定差距时，畜禽提高非蒸发散热量，维持体温恒定。当气温等于或接近皮肤温度时，非蒸发散热完全失效，全部代谢产热需依靠蒸发散热；如果气温高于皮肤温度，机体还以辐射、传导和对流的方式从环境得热，体温升高，机能障碍，出现"热射病"，最后衰竭死亡。

（2）减少产热。首先表现为采食量减少或拒食，生产力下降，肌肉松弛，嗜眠懒动，继而内分泌机能开始活动，最明显的是甲状腺激素分泌减少。

**2. 低温时的热调节** 与高温相反，随着气温的下降，皮肤血管收缩，减少皮肤的血液流量，皮温下降，使皮温与气温之差减少；汗腺停止活动，呼吸变深，频率下降，非蒸发和蒸发散热量都显著减少。同时，肢体蜷缩，群集，以减少散热面积，竖毛肌收缩，被毛逆立，以增加被毛内空气缓冲层的厚度。当气温下降到临界温度以下，表现为肌肉紧张度提高，颤抖，活动量和采食量增大。

## （二）气温对畜禽生产性能的影响

**1. 对繁殖的影响** 畜禽的繁殖活动，除了受光照影响外，气温也是影响繁殖的一个重要因素。气温过高对许多畜禽的繁殖都有不良的影响。

（1）对种公畜的影响。正常条件下，公畜的阴囊有很强的热调节能力，使得阴囊的温度低于体温3~5℃。在持续高温环境中，引起精液品质下降，对牛影响明显。一般高温影响7~9周后才能使精液品质恢复正常水平。高温还会抑制畜禽的性欲。正因如此，盛夏之后，秋天配种效果较差。低温由于可促进新陈代谢，一般有益无害。

（2）对种母畜的影响。高温能使母畜的发情受到抑制，表现为不发情或发情不明显。高温还会影响受精卵和胚胎的存活率。高温对母畜生殖的不良作用主要在配种前后一段时间内，特别是在配种后胚胎附植于子宫前的若干天内，是引起胚胎死亡的关键时期。受精卵在输卵管内对高温很敏感，且在附植前容易受高温刺激而死亡。高温对母畜受胎率和胚胎死亡率影响的关键时期为：绵羊在配种后3d内；牛在配种后4~6d内；猪在配种后8d内，受胎后11~20d及妊娠100d以后。

妊娠期处于高温期内的母畜，一般仔畜初生重较轻、体型略小，生活力较低，死亡率高。引起这一现象的原因是：在高温条件下，母体外周血液循环增加，以利于散热，而使子宫供血不足，胎儿发育受阻；高温母畜采食量减少，本身营养不良，也会使胎儿初生重和生活力下降。

**2. 对生长肥育的影响** 畜禽都有最佳的生长、肥育环境温度，一般此时饲料利用率也较高，生产成本也较低。

鸡的适宜生长温度随日龄增加而下降，0~3d为34~35℃，以后每周下降2~3℃，到18d为26.7℃，32日龄降到18.9℃。生长鸡小范围的适当低温和变化，对生产不仅无害，反而可使生长加快，死亡率下降，但饲料利用率略有下降。肉仔鸡从4周龄起，18℃生长最快，24℃饲料利用率最好，考虑到两者兼顾，以21℃最为适合。

猪生长、肥育的适宜温度范围在12~20℃，当气温超过30℃或低于10℃时，增重率明显下降。牛的生长肥育温度以10℃左右最佳。

**3. 对产蛋的影响** 在一般的饲养管理条件下，各种家禽产蛋的适宜温度为13~25℃。

下限温度为7~8℃，上限温度为29℃。气温持续在29℃以上，鸡的产蛋量下降，蛋重降低，蛋壳变薄。温度低于7℃，产蛋量下降，饲料消耗增加，饲料利用率下降。

**4. 对产奶量和奶品质的影响**

(1) 产奶量。牛的体型较大，其临界温度较低，特别是高产奶牛，可低达－13℃，所以在一定范围内的低温对牛的生产性能影响较小，而高温则有较大的影响。最适宜的产奶温度为10~15℃，生产环境温度界限可控制在－13~30℃。

(2) 奶品质。气温升高，乳脂率下降，气温从10℃上升到29.4℃，乳脂率下降0.3%。如果温度继续上升，产奶量将急剧下降，乳脂率却又异常地上升。一年中的不同季节，乳脂率的变化也较大，夏季最低，冬季最高。

### (三) 气温对畜禽健康的影响

**1. 免疫** 高温对鸡体液免疫和细胞免疫都有不良影响。结果因鸡受到热应激的持续时间而有差异，时间越长，恢复期也越长。由此可见，夏季出现免疫失败有时并不是疫苗质量出现问题，而是热应激的结果。此外，初生仔畜从初乳中获得免疫球蛋白而产生的被动免疫，在冷、热应激时其水平有下降，降低幼畜的抵抗力。

**2. 直接致病作用** 气温引起的直接致病作用为非传染性，主要是冻伤、热痉挛、热辐射和日射病。放牧畜禽，低温可以导致羔羊肠痉挛。环境控制不良的畜舍，低温也会成为感冒、支气管炎、肺炎、肾炎和肌红蛋白尿等疾病的诱因。

**3. 间接致病作用** 适宜的温度和湿度适宜各种病原微生物和寄生虫生存和繁殖，因而这时成为许多流行病与寄生虫病的高发季节。炎热的夏季可以使口蹄疫病毒失活，但低温恰好有利于流感、牛痘和新城疫病毒的生存。这些疾病的流行趋势，虽然不是由气温直接导致，但是都与气温变化有关，所以应该在饲养管理中高度重视。

## 五、畜禽舍防暑降温措施

从生理角度讲，畜禽一般比较耐寒怕热，高温对畜禽健康和生产性能的影响、危害比低温大。因此，采取有效措施，做好防暑降温工作，缓和高温对畜禽的影响，以减小经济损失。畜禽舍的防暑降温主要通过加强外围护结构的隔热设计、畜禽舍的绿化与遮阳，以及采取降温措施等来实现。

### (一) 加强畜禽舍外围护结构的隔热设计

夏季造成舍内温度过高，原因在于过高的气温、强烈的日光照射、畜禽自身产生的热。因此，加强畜禽舍外围护结构的隔热设计，可有效地防止高温与太阳辐射对舍内温度的影响。

**1. 屋顶隔热设计** 在炎热地区，特别是夏季，由于强烈的太阳辐射和高温，可使屋面(红瓦屋面)温度高达60~70℃，甚至更高。由此可见，屋顶隔热性能的好坏，对舍内温度影响很大。常用屋顶隔热设计的措施有：

(1) 选用隔热性能好的材料。在综合考虑其他建筑学要求与取材方便的情况下，尽量选用导热系数小的材料，以加强隔热。

(2) 确定合理的结构。一种材料往往不能保证最有效的隔热，充分利用几种材料合理确定多层结构屋顶，以形成较大的热阻，达到良好的隔热效果。其原则是：在屋顶的最下层铺设导热系数小的材料，其上为蓄热系数比较大的材料，最上层为导热系数大的材料。采用此种结构，当屋顶受太阳辐射变热后，热传到蓄热系数大的材料层而蓄积起来，再向下传导时，受到阻抑，从而缓和了热量向舍内传递。当夜晚来临时，被蓄积的热又可通过上层导热系数大的材料层迅速得以散失。这样白天可避免舍温升高而导致过热。但这种结构只适宜夏热冬暖地区。而在夏热冬寒地区，则应将上层导热系数大的材料换成导热系数小的材料较为有利。

（3）增强屋顶反射。屋顶表面的颜色深浅和平滑程度，决定其对太阳辐射热的吸收与反射能力。色浅而平滑的表面对辐射热吸收少而反射多；反之则吸收多而反射少。如深黑色、粗糙的油毡屋顶，对太阳辐射热的吸收系数值为 0.86；红瓦屋顶和水泥粉刷的浅灰色光平面均为 0.56；而白色石膏粉刷的光平面仅为 0.26。由此可见，采用浅色、光平屋顶，可有效减少太阳辐射热向舍内的传递。

（4）采用通风屋顶。通风屋顶是将屋顶设计成双层，靠中间层空气的流动而将顶层传入的热量带走，阻止热量传入舍内的屋顶形式。其特点是空气不断从人风口进入，穿过整个间层，再从排风口排出。在空气流动过程中，把屋顶空间由外面传入的热量带走，从而降低了温度，减少了辐射和对流传热，有效地提高了屋顶的隔热效果。为使通风间层隔热性能良好，要注意合理设计间层的高度和通风口的位置。对于夏热冬暖地区，为了通风畅通，可适当扩大间层的高度，一般坡屋顶高度为 120~200mm，平屋顶为 200mm 左右；在夏热冬冷的北方，间层高度不宜太大，常设置在 100mm 左右，并要求间层的基层能满足冬季热阻，为了有效地保证冬季屋顶的保温，冬季可将山墙风口封闭，以利于顶棚保温。

**2. 墙壁隔热设计** 炎热地区多采用开敞舍或半开敞舍，墙壁的隔热没有实际意义。但在夏热冬寒地区，需兼顾冬季保温，既有利于保温，又有利于夏季防暑。如现行的组装式畜禽舍，冬季为加强防寒，改装成保温型的封闭舍；夏季则拆去部分构件，成为半开放舍，是冬、夏季两用且比较理想的畜禽舍，但使用的材料要求高，造价也高。对于炎热地区大型封闭式畜禽舍的墙壁，则应按屋顶的隔热原则进行合理设计，尽量减少太阳辐射热。

### （二）实行绿化与遮阳

**1. 绿化** 绿化不仅起遮阳作用，对缓和太阳辐射、降低舍外空气温度也具有一定的作用。茂盛的树木能挡住 50%~90% 的太阳辐射热，草地上的草可遮挡 80% 的太阳光，可见，绿化的地面比未绿化地面的辐射热低 4~5 倍。绿化降温的途径是：第一，植物通过蒸腾作用和光合作用，吸收太阳辐射热，从而降低气温；第二，通过遮阳以降低太阳辐射；第三，通过植物根部所保持的水分，可从地面吸收大量热能而降温。由于绿化的上述降温作用，能使畜禽舍周围的空气"冷却"，降低地面的温度，从而使辐射到外墙、屋顶和门、窗的热量减少，并通过树木的遮阳来阻挡阳光透入舍内而降低舍温。

种植树干高、树冠大的乔木可以绿化遮阳，还可搭架种植爬蔓植物，使南墙、窗口和屋顶上方形成绿荫棚。但绿化遮阳要注意合理密植，尤其是爬蔓植物，需注意修剪，以免生长过密，影响畜禽舍的通风与采光。

**2. 遮阳** 遮阳是指阻挡太阳光线直接进入畜禽舍内的措施。常采用的方法有：

（1）挡板遮阳。是阻挡正射到窗口处阳光的一种方法。适于东向、南向和接近此朝向的窗户。

（2）水平遮阳。是阻挡由窗口上方射来的阳光的方法。适于南向和接近此朝向的窗户。

（3）综合式遮阳。利用水平挡板、垂直挡板阻挡由窗户上方射来的阳光和由窗户两侧射来的阳光的方法。适于南向、东南向、西南向及接近此朝向窗口。此外，可通过加长挑檐、搭凉棚、挂草帘等措施达到遮阳的目的。试验证明，通过遮阳可在不同方向的外围护结构上使传入舍内的热量减少17%～35%。

### （三）利用设备降温

在炎热的季节里，通过外围护隔热、绿化与遮阳措施均不能满足畜禽温度要求的情况下，为避免或缓和因热应激而引起畜禽健康状况异常及生产力下降，可结合降温设备采用喷雾降温、喷淋降温、湿帘或水帘通风降温、滴水降温与冷风降温（见项目二）等措施。

## 六、畜禽舍采暖防寒措施

在我国东北、西北、华北等寒冷地区，由于冬季气温偏低，持续期较长，对畜禽的生产影响很大。因此，必须采取有效的防寒保暖措施。主要包括畜禽舍外围护结构的保温设计、人工供暖和加强防寒管理等措施。

### （一）加强畜禽舍外围护结构的保温设计

畜禽舍的防寒能力，在很大程度上取决于畜禽舍外围护结构的保温隔热性能，要根据地区气候差异和畜禽机体适宜的环境温度需求，选择适当的建筑材料和合理的畜禽舍外围护结构。

**1. 选择保温的畜禽舍形式** 设计畜禽舍形式应考虑当地冬季严寒程度和饲养畜禽的种类及饲养阶段。例如，严寒地区宜选择密闭式或无窗密闭式畜禽舍，既有利于保温防寒，同时便于实现机械化操作，提高劳动生产率。冬冷夏热地区，可选择开放式或半开放式畜禽舍，在冬季搭设塑料薄膜使开露部分封闭或设塑料薄膜窗保温，加强畜禽舍的保温，以提高防寒能力。

**2. 加强墙壁保温设计** 墙壁是畜禽舍的主要外围护结构，失热量仅次于屋顶。因此，在寒冷地区，必须加强墙壁的保温设计。墙壁的保温隔热能力，取决于所用建筑材料的性质和厚度。如选用空心砖代替普通红砖，墙的热阻值可提高41%；选用加气混凝土块，则可提高6倍。现在，新型保温材料已广泛应用于畜禽舍建筑上，如中间夹聚苯板的双层彩钢复合板、钢板内喷聚乙烯发泡、透明的阳光板等。设计时，应根据有关的热工指标要求，并结合当地的材料和习惯做法而确定，从而提高畜禽舍墙壁的保温御寒能力。

**3. 加强门窗保温设计** 门、窗的热阻值较小，同时门窗开启及缝隙会造成冬季的冷风渗透，失热量较多，对保温防寒不利。因此，在寒冷地区，在门外应加门斗，设双层窗或临时加塑料薄膜、窗帘等。在满足通风采光的条件下，门窗的设置应尽量少些。在受冷风侵袭的北墙、西墙可少设门、窗，一般可按南窗面积的1/4～1/2设置，这样对加强畜禽舍冬季保温有着重要意义。

**4. 加强地面保温设计** 地面的保温隔热性能，直接影响地面平养畜禽的体热调节，也关系到舍内热量的散失。因此地面的保温很重要。在生产中，应根据当地的条件尽可能采用有利于保温的地面。如在畜禽的畜床上加设木板或塑料垫，也可在地面中铺设导热系数小的保温层，以减缓地面散热。

### （二）畜禽舍的采暖

采取各种防寒措施仍不能达到舍温要求时，需人工供暖。畜禽舍的采暖主要分为局部采暖和集中采暖。

局部采暖是在畜禽舍内单独安装供热设备，如电热器、保温伞、散热板、红外线灯和火炉等。在雏鸡舍常用煤炉、烟道、保温伞、电热育雏笼等设备供暖；在仔猪栏铺设红外线电热毯或仔猪栏上方悬挂红外线保温伞。

集中采暖是指集约化、规模化养殖场，采用一个集中的热源（锅炉房或其他热源），将热水、蒸汽或预热后的空气，通过管道输送到舍内或舍内的散热器。近年来，通风供暖设备的研制已有新的进展，热风炉、暖风机在寒冷地区已经推广使用，有效地解决了保温与通风的矛盾。总之，无论采取何种取暖方式，应根据畜禽要求，充分考虑采暖设备投资、能源消耗等投入与产出的经济效益。

### 七、畜禽舍防暑防寒管理措施

畜禽的饲养管理直接或间接地对畜禽舍的防暑降温和防寒保暖起到不可忽视的作用。加强畜禽防暑防寒管理的措施主要有：

**1. 调整饲养密度** 在不影响饲养管理及舍内卫生的前提下，夏季或炎热季节适当降低饲养密度，有利于机体散热和降低环境温度。冬季适当加大饲养密度，有利于舍温的提高。

**2. 控制舍内的气流** 在夏季的中午前后畜禽舍内温度有时高于舍外温度，加大通风量和气流速度，可以促进畜禽机体的对流散热和蒸发散热。加强畜禽舍入冬前的维修与保养，如封门窗、设置挡风障及堵塞墙壁缝隙等，防止贼风的产生，以提高畜禽舍防寒保温性能。

**3. 科学饮水** 高温季节给予充足的饮水，冷饮水会吸收机体热量，减轻畜禽散热负担。低温季节加热饮水和饲料，杜绝饲喂冰冻饲料及饮冰冻水可以减少能量消耗，提高畜禽的抗寒能力。

**4. 调整日粮配方** 高温环境中为避免畜禽因高温采食量下降而导致能量和蛋白质摄入不足，应在日粮中添加油脂等高能物质，饲喂低蛋白质高氨基酸平衡日粮可减少产热，同时在日粮中添加维生素 C、维生素 E、维生素 $B_6$、维生素 $B_{12}$ 和电解质等物质缓和热应激，从而提高畜禽生产性能。低温环境中提供营养平衡、数量充足的日粮，满足畜禽御寒和生产的需要。

**5. 控制舍内的湿度，保持空气干燥** 无论在高温或低温环境中高湿度均不利于畜体热调节，在高温环境中，高湿度加剧热应激，使畜体更热，在低温环境中，高湿度增加畜体散热，使畜体更冷。

**6. 铺垫草** 在低温环境中使用垫料，改进冷地面的温热特性。垫料不仅具有保温吸湿、吸收有害气体、改善小气候环境的优点，而且可保持畜体清洁，是一种简便易行的防寒措施。但垫草体积大，重量大，很难在集约化养殖场应用。

---

#### 小贴士

**温度计的种类与使用**

一、常见温度计种类

1. 普通温度表　普通温度表由温度感应部和温度指示部组成，感应部为容纳温度计液体的薄壁玻璃球泡，指示部为一根与球泡相接的密封的玻璃细管，其上部充有足够压力的干燥惰性气体，玻璃细管上标以刻度，以管内的液柱高度指示感应部温度。

液体温度计是利用物质热胀冷缩的原理制成。当感应部温度增加就会引起内部液体膨胀，液柱上升，感应部内的液体体积的变化可在细管上反映出液柱高度变化。

常用的有水银温度表和酒精温度表两种。水银温度表应用较广，因为水银的导热性好，对热变化敏感，膨胀均匀，沸点低，故精确度较高。酒精温度表，由于酒精在0℃以上膨胀不均匀，沸点低，故不如水银温度表准确，也不能测定高温，但酒精的凝固点是－117℃，故可以准确测到－80℃低温，这是水银温度表所不及的（水银在－39.4℃时冻结）。

2. 最高温度表　这是一种特制的水银温度表，可以测定一定时间内的最高温度。这种温度表球部上方出口较窄，气温升高时水银膨胀，毛细管内水银柱上升，当气温下降时水银收缩，但水银收缩的内聚力小于出口较窄处的摩擦力，因此毛细管内的水银断裂，不能回到球部而仍指示着最高温度（图3-5）。每次使用前应将水银柱甩回球部。

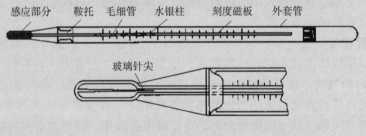

图3-5　最高温度计

3. 最低温度表　这是一种特制的酒精温度表，在毛细管中有一个能在酒精柱内游动的有色玻璃小指针。当温度上升时，指针不被酒精带动，而当温度下降时，凹形酒精表面即将指针向球部吸引，因此可以测量一定时间内的最低温度（图3-6）。

图3-6　最低温度

4. 最高最低温度计　这是用来测定一定时间内的最高温度、最低温度的一种U形玻璃温度计。U形管底部装有水银，左侧管上部及温度感应部（膨大部）都充满酒精；右侧管上部及膨大部的球部1/2装有酒精，其上部充满压缩的干燥惰性气体，两端管内水银面上各有一个带色的金属含铁指针。当温度升高时，左端球部的酒精膨胀压迫水银向右侧上升，同时也推动水银面上的指针上升；反之，当温度下降时，左侧端部的酒精收缩，右侧球部的压缩气体迫使水银向左侧上升，指针并不下降。因此，右侧指针的下端指示一定时间内的最高温度，左侧指针的下端指示出一定时间内的最低温度（图3-7）。每次使用应将指针用磁铁吸到水银面上。

5. 数字式温度计　数字式温度计可以准确的判断和测量温度，以数字显示，而非指针或水银显示。故称数字温度计或数字温度表（图3-8）。数字温度计采用温度敏感元件也就是温度传感器（如铂电阻、热电偶、半导体、热敏电阻等），将温度的变化转换成电信号的变化，如电压和电流的变化，温度变化和电信号的变化有一定的关系，如线性关系、一定的曲线关系等，这个电信号可以使用AD转换电路将模拟信号转换为数字信号，数字信号再送给处理单元，如单片机或者PC机等，处理单元经过内部的软件计算将这个数字信号和温度联系起来,成为可以显示出来的温度数值,然后通过显示单元,如LED、LCD或者电脑屏幕等显示出来。这样就完成了数字温度计的基本测温功能。数字温度计有手持式、盘装式等。

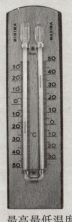

图3-7 最高最低温度计

图3-8 数字式温度计

二、畜禽舍内温度测定部位

在室外测定气温时,一般气象台(站)是将温度计置于空旷地点,离地面2m高的白色百叶箱内,这样可防止其他干扰因素对温度计的影响。在舍内测定气温时,放置位置应根据畜禽舍而定:在牛舍内放在畜禽舍中央距地面1.0~1.5m高处,固定于各列牛床的上方;散养舍固定于休息区。猪、羊舍为0.2~0.5m高处,装在舍中央猪床的中部。笼养鸡舍为笼架中央高度,中央通道正中鸡笼的前方。平养鸡舍为鸡床上方0.2m高处。

由于畜禽舍各部位的温度有差异,因此,除在畜禽舍中心测定外,还应在四角距两墙交界0.25m处进行测定,同时沿垂直线在上述各点距地面0.1m、畜禽舍高1/2处、天棚下0.5m处进行测定。

畜禽舍舍温测试,所测得数据要具有代表性,应该具体问题具体分析,选择适宜的温度测定位点。例如,猪的爬卧休息行为占80%以上,故厚垫草养猪时,垫草内的温度才是具有代表性的环境温度值。

## 技能训练  畜禽舍温度的测定与评价

现场测定某畜禽舍温度指标,将相关信息填入表3-13。

表3-13 畜禽舍温度的测定与评价

| 实训单位名称 | | | 地点 | | |
|---|---|---|---|---|---|
| 畜禽种类 | | | 饲养头数 | | |
| 畜禽舍类型 | | | 记录时间 | | |
| 舍外温度 | 测定时间 | 08:00 | 12:00 | 14:00 | 18:00 | 平均值 |
| | 温度(℃) | | | | | |

(续)

| 舍内温度 | 测定时间 | 06:00~07:00 | | 14:00~15:00 | | 22:00~23:00 | | 平均值 |
|---|---|---|---|---|---|---|---|---|
| | 测定部位 | 天棚 | 畜床 | 畜体高 | 畜禽舍中部 | 墙内面 | 墙角 | |
| | 温度（℃） | | | | | | | |

| 综合评定 | 评价依据：<br><br>评价结论：<br><br>测定与评价人：_____  日期：_____年___月___日 |
|---|---|
| 教师评价 | （根据表中内容的准确性和学生学习态度、团队配合能力、社会观察能力和实践能力综合评定。）<br><br>指导教师姓名：_____  日期：_____年___月___日 |

## 任务评价

### 一、名词解释

等热区　舒适区　临界温度　气温日较差　气温年较差

### 二、选择题

1. 一天中气温最高值出现在（　　）。
   A. 11:00　　　　B. 12:00　　　　C. 13:00　　　　D. 14:00
2. 一年中最热月是（　　）。
   A. 6月　　　　B. 7月　　　　C. 8月　　　　D. 9月
3. 热射病是在（　　）环境中发生。
   A. 低温　　　　B. 室温　　　　C. 高温　　　　D. 任何温度
4. 为了保持热平衡，畜禽的采食量在低温时会（　　），高温时会（　　）。
   A. 增加，减少　　B. 减少，增加　　C. 减少，减少　　D. 增加，增加
5. 对高温环境耐受能力相对较强的畜禽是（　　）。
   A. 鸡　　　　B. 猪　　　　C. 牛　　　　D. 绵羊

### 三、填空并连线

　　　　环境条件　　　　　　　　　　主要体温调节方式
环境温度_____皮温　　　　　　非蒸发散热
环境温度_____皮温　　　　　　蒸发散热
环境温度_____皮温　　　　　　热射病

### 四、判断题

1. 空调调温效果好，对贵重的种畜禽可以考虑使用。（　　）
2. 加强畜禽舍外围护结构的隔热设计，对畜禽舍内温度调控非常重要。（　　）

3. 用保温伞供热可用于育雏。（    ）
4. 喷雾降温效果好，但容易引起舍内湿度过大。（    ）
5. 高湿对防暑有利，对防寒不利。（    ）
6. 相对而言，保温防寒较降温防暑容易操作。（    ）
7. 幼龄和老龄畜禽的等热区较青年畜禽的宽。（    ）
8. 生产力水平越高的畜禽耐寒能力强，而耐热能力弱。（    ）
9. 公羊夏季会出现不育症，母羊的受胎率也会下降。（    ）
10. 产蛋鸡适宜的温度为13～23℃，高于27℃或低于7℃均对产蛋有不良影响。（    ）

### 五、简答题

1. 影响等热区和临界温度的因素有哪些？在畜禽生产中的如何应用？
2. 气温对畜禽生产力有哪些影响？
3. 畜禽舍内温度的分布规律是什么？
4. 如何做好夏季的防暑降温和冬季保温防寒工作？

## 任务3　畜禽舍湿度调控

### 知识信息

#### 一、空气湿度的表示方法

空气在任何状态下几乎都含有水汽。空气中含有水汽多少常用空气湿度或气湿来表示。空气中的水汽主要来源于各种水面、潮湿地面的蒸发以及植物的蒸腾。空气湿度通常用下列几个指标表示。

**1. 水汽压**　空气中水汽所产生的压力称为水汽压。水汽压的单位用Pa表示。在一定温度条件下，一定体积空气中能容纳水汽分子的最大值是一个定值，超过这个最大值，多余的水汽就会凝结为液体或固体。该值随空气温度的升高而增大。当空气中水汽达到最大值时的空气，称为饱和空气，这时的水汽压，称为饱和水汽压（表3-14）。

表3-14　不同温度下的饱和水汽压

| 温度（℃） | −10 | −5 | 0 | 5 | 10 | 15 | 20 | 25 | 30 | 35 | 40 |
| --- | --- | --- | --- | --- | --- | --- | --- | --- | --- | --- | --- |
| 饱和水汽压（Pa） | 287 | 421 | 609 | 868 | 1 219 | 1 689 | 2 315 | 3 136 | 4 201 | 5 570 | 7 316 |
| 饱和水汽密度（g/m³） | 2.16 | 3.26 | 4.85 | 6.80 | 9.40 | 12.83 | 17.30 | 23.05 | 30.57 | 39.60 | 51.2 |

**2. 绝对湿度**　也称水汽密度，是指单位体积的空气中所含的水汽质量，用g/m³表示。它直接表示空气中水汽的绝对含量。

**3. 相对湿度**　指空气中实际水汽压与同温度下饱和水汽压之比，以百分率来表示。相对湿度说明水汽在空气中的饱和程度，是一个常用的气象指标。一般认为相对湿度超过75%为高湿，低于30%为低湿。

相对湿度＝（空气中实际水汽压/同温度下饱和水汽压）×100%

**4. 饱和差** 指一定的温度下饱和水汽压与同温度下的实际水汽压之差。饱和差越大，表示空气越干燥，饱和差越小，则表示空气越潮湿。

**5. 露点** 空气中水汽含量不变，且气压一定时，因气温下降，使空气达到饱和，这时的温度称为"露点"。空气中水汽含量越多，则露点越高，反之亦然。

由于影响湿度变化的因素（气温、蒸发等）有周期性的日变化和年变化，所以空气湿度也有日变化和年变化现象。绝对湿度基本上受气温的支配，在一天和一年中，温度最高值的时候，绝对湿度最高。相对湿度的日变化与气温相反，在一天中温度最低时，相对湿度最高，在早晨日出之前往往达到饱和而凝结为露水、霜和雾。

### 二、畜禽舍内湿度的来源和变化

**1. 湿度的来源** 畜禽舍内空气的湿度通常高于外界空气的湿度，密闭式畜禽舍中的水汽含量常比大气中高出很多。在夏季，舍内外空气交换较充分，湿度相差不大。畜禽舍内水汽的来源通常为畜禽机体蒸发的水汽约占75%，潮湿的地板、垫料和潮湿物体蒸发的水汽占20%~25%，进入舍内的大气本身含有10%~15%的水汽。

**2. 湿度的变化** 在标准状态下，干燥空气与水汽的密度比为1：0.623，水汽的密度较空气小。在封闭式畜禽舍的上部和下部的湿度均较高。因为下部由畜体和地面水分的不断蒸发，较轻暖的水汽又很快上升，而聚集在畜禽舍上部。舍内温度低于露点时，空气中的水汽会在墙壁、窗户、顶棚、地面等物体上凝结，并渗入进去，使建筑物和用具变潮；温度升高后，这些水分又从物体中蒸发出来，使空气湿度升高。畜禽舍温度低时，易使舍内潮湿，舍内潮湿也会影响畜禽舍保温。

### 三、气湿对畜禽的影响

#### （一）气湿对热调节的影响

在适宜温度条件下，空气湿度对畜禽热调节没有影响。在高温或低温的情况下，空气湿度与畜禽热调节有着密切的关系。一般来说，湿度越大，体热调节的有效范围越小。

**1. 高温时气湿对蒸发散热的影响** 在高温时，畜体主要依靠蒸发散热，而蒸发散热量和畜体蒸发面（皮肤和呼吸道）的水汽压与空气水汽压之差成正比。畜体蒸发面的水汽压取决于蒸发面的温度和潮湿程度，皮温越高，畜体越出汗，则皮肤表面水汽压越大，越有利于蒸发散热。如果空气的水汽压升高，畜体蒸发面水汽压与空气水汽压之差减小，则蒸发散热量也会减少，因而在高温、高湿的环境中，畜体的散热更为困难，从而加剧了畜禽的热应激。

**2. 低温时气湿对非蒸发散热的影响** 在低温环境中，畜禽主要通过辐射、传导和对流等方式散热，并力图减少热量散失，以保持热平衡。由于潮湿空气的导热性和容热量比干燥空气大，潮湿空气又善于吸收畜体的长波辐射热。此外，在高湿环境中，畜禽的被毛和皮肤都能吸收空气中水分，提高了被毛和皮肤的导热能力，降低了体表的阻热作用。所以在低温高湿的环境中较在低温低湿环境中，非蒸发散热量显著增加，使机体感到更冷。对于这一点，幼龄畜禽更为敏感。例如，冬季饲养在湿度较高舍内的仔猪，活重比对照组低，且易引起下痢、肠炎等疾病。

由此可知，高湿是影响畜禽散热的主要因素之一，寒冷时使其增强，炎热时使其散热受抑制，这就破坏了畜禽的体热代谢。而相对湿度较低则可缓和畜禽的应激。

## (二) 气湿对畜禽生产性能的影响

在适宜温度范围内，空气湿度的高低对畜禽生产性能几乎没有太大影响，但在高温或低温环境中气湿对畜禽繁殖性能、生长肥育、产乳量、乳成分、产蛋量等生产性能的影响是随着温度的影响而影响。如在7~8月份最高气温超过35℃时，牛的繁殖率与相对湿度呈明显的负相关；9月份和10月份，气温下降至35℃以下时，高湿对繁殖率的影响很小。适宜温度下30~100kg体重的猪，相对湿度从45%上升到85%，对其增重和饲料消耗均无影响。但在高温时，气湿的这一变化，可能导致平均日增重下降6%~8%。犊牛在7℃低温中，相对湿度从75%升高到95%，增重和饲料利用率均分别下降14.4%和11.1%。

## (三) 气湿对畜禽健康状况的影响

**1. 高湿环境** 在高湿环境下，机体的抵抗力减弱，发病率增加，易引起传染病的蔓延。高湿适合病原性真菌、细菌和寄生虫的生长繁殖，从而使畜禽易患螨病、湿疹等皮肤病，高湿还适合秃毛癣菌丝的生长繁殖，在畜群中发生和蔓延。

高温、高湿还易造成饲料、垫料的霉败，可使雏鸡群暴发曲霉菌病。高湿还有利于球虫病传播。在低温高湿的条件下，畜禽易患各种呼吸道疾病、感冒性疾患、神经炎、风湿症、关节炎等也多在低温高湿的条件下发生。

**2. 低湿环境** 干热的空气能加快畜禽皮肤和裸露黏膜（眼、口、唇、鼻黏膜等）的水分蒸发，造成局部干裂，从而减弱皮肤和黏膜对微生物的防御能力。相对湿度在40%以下时，也易发生呼吸道疾病。湿度过低，是家禽羽毛生长不良的原因之一，而且易发生啄癖。

## (四) 畜禽舍的适宜湿度标准

畜禽舍内湿度过低，空气变得干燥，会产生过多的灰尘，易引起呼吸道疾病；湿度过高会使病原体易于繁殖，使畜禽易患疥癣、湿疹等皮肤病，同时会降低畜禽舍和舍内机械设备的寿命。根据畜禽的生理机能，一般情况下，50%~70%的相对湿度是比较适宜的，最高不超过75%，牛舍用水量大，可放宽到85%；相对湿度低于40%时，为低湿环境，高于85%时为高湿环境。不管是高湿环境还是低湿环境，对畜禽健康均有不良影响。

## 四、畜禽舍湿度的调控

畜禽排泄物及舍内废水与畜禽舍湿度有极其密切的关系。因此，及时清除畜禽排泄物及废水是控制畜禽舍湿度的重要措施。

### (一) 畜禽舍的排水系统

畜禽舍的排水系统性能不良，往往会给生产带来很大的不便，它不仅影响畜禽舍本身的清洁卫生，也可能造成舍内空气湿度过高，影响畜禽健康和生产力。畜禽每天排出的粪尿量和污水排放量见表3-15和表3-16。生产中主要通过合理设计畜禽舍排水系统及加强日常的防潮管理等来最大限度地降低舍内湿度。

表3-15 畜禽粪尿产量

| 畜禽种类 | 乳牛 | 肉牛 | 猪 | 鸡 | 肉仔鸡 |
|---|---|---|---|---|---|
| 产粪量[kg/ (头·d)] | 25 | 15 | 3 | 0.16 | 0.05~0.06 |
| 产尿量[kg/ (头·d)] | 6 | 4 | 3 | | |

表 3-16　畜禽污水排放量

| 畜禽种类 | 污水排放量 [kg/（头·d）] | 畜禽种类 | 污水排放量 [kg/（头·d）] |
| --- | --- | --- | --- |
| 成年牛 | 15～20 | 带仔母猪 | 8～14 |
| 青年牛 | 7～9 | 后备猪 | 2.5～4 |
| 犊牛 | 4～6 | 育肥猪 | 3～9 |
| 种公猪 | 5～9 | | |

畜禽舍的排水系统因畜禽种类、畜禽舍结构、饲养管理方式以及清粪方式等不同而有差别，分为传统式和漏缝地板式两种类型。

**1. 传统式排水系统**（干式清粪）　　传统式排水系统是依靠手工清理操作并借助粪水自然流动而将粪尿及污水排出。传统式排水系统常采取粪尿固体部分人工清理，液体部分自流的方式。一般由畜床、排尿沟、降口、地下排出管及粪水池等组成。

（1）畜床。畜床是畜禽在舍内采食、饮水及躺卧休息的地方，质地一般为水泥建造。为使尿液污水顺利排出，畜床向排尿沟方向应有适宜的坡度，一般牛舍为 1.0%～1.5%，猪舍为 3%～4%。坡度过大会造成家畜四肢、韧带负重不均，拴养家畜会导致后肢负担过重，造成母畜子宫脱垂与流产。

（2）排尿沟。排尿沟是承接和排出畜床流出来的粪尿和污水的设施。

①位置：对于牛舍、马舍来讲，对头式畜禽舍，一般设在畜床的后端，紧靠除粪道，与除粪道平行；对尾式畜禽舍，一般设在中央通道（除粪道）的两侧；对于猪舍、羊舍来讲，常将排尿沟设于中央通道的两侧。

②建筑设计要求：排尿沟一般用水泥砌成，要求其内表面光滑不漏水、便于清扫及消毒，形式为方形或半圆形的明沟，且朝降口方向有 1.0%～1.5% 的坡度，沟的宽度和深度根据不同畜种而异，宽度一般为 15～30cm，深度为 8～12cm。例如，牛舍沟宽为 30～50cm，猪舍及犊牛舍沟宽为 13～15cm。宽度和深度过大，易使畜禽肢蹄受伤或使孕畜流产。为防止发生这类事故，有的在排尿沟上设置栅状铁篦。

（3）降口（水漏）、沉淀池和水封。

①降口：降口是排尿沟与地下排出管的衔接部分。通常位于畜禽舍的中央。为了防止粪草落入堵塞，上面应有铁篦子，铁篦子应与排尿沟同高。降口数量依排尿沟长度而定，通常以接受两端各 10～15m 粪尿的排尿沟为限。

②沉淀池：沉淀池是在降口下部，排出管口以下形成的一个深入地下的延伸部分。因畜禽舍废水及粪尿中多混有固体物，随水冲入降口，如果不设沉淀池，则易堵塞地下排出管。沉淀池为水泥建造的密闭式长方形池，水深应为 40～50cm。

③水封：水封是用一块板子斜向插入降口沉淀池内，让流入降口的粪水顺板流下先进入沉淀池临时沉淀，再使上清液部分由排出管流入粪水池的设施。在降口内设水封，可以防止粪水池中的臭气经地下排出管逆流进入舍内（图 3-9），水封的质地有铁质、木质或硬质塑料 3 种。

（4）地下排出管。是与排尿沟呈垂直方向并用于将各降口流出来的尿液污水导入舍外粪水池的管道。要求有 3%～5% 的坡度，直径大于 15cm，伸出舍外的部分，应埋在冻土层以下。在寒冷地区，对排出管的舍外部分应采取防冻措施，以免管中液体结冰。如果地下排出管自畜禽舍外墙至粪水池的距离大于 5m 时，应在墙外设一检查井，以便在管道堵塞时进行疏通，但需注意检查井的保温。

（5）粪水池。是贮积舍内排出的尿液、污水的密闭式地下贮水池。一般设在舍外地势较低处，且在运动场相反的一侧，距离畜禽舍外墙至少5m以上。粪水池的容积和数量可根据舍内畜禽种类、头数、舍饲期长短及粪水存放时间而定。一般按贮积20～30d、容积20～30m³来修建。粪水池一定要离饮水井100m以外。粪水池及检查井均应设水封。

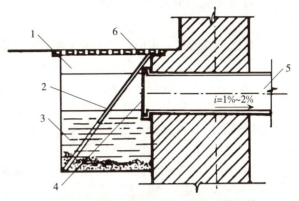

图3-9 畜禽舍排水系统沉淀池和排出管
1. 通长地沟 2. 铁板水封，水下部分为细铁篦子或铁网
3. 沉淀池 4. 可更换的铁网 5. 排水管 6. 通长铁篦子或沟盖板

对于畜禽舍的排水系统必须定期进行清理，要防止堵塞，并经常清除尿沟内的粪草；定期用水冲洗及清除降口中的沉淀物；为防止粪水池过满，需按时清掏。

**2. 漏缝地板式排水系统** 由漏缝地板和粪尿沟两部分组成。

（1）漏缝地板。即在地板上留出很多缝隙，粪尿落到地板上，液体部分从缝隙流入地板下的粪沟，固体部分被畜禽从缝隙踩踏下去，少量残粪人工用水冲洗清理。这与传统式清粪方式相比，可大大节省人工，提高劳动生产效率。

畜禽舍漏缝地板分为局部漏缝地板和全漏缝地板两种形式，常用钢筋水泥或金属、硬质塑料制作，其尺寸见表3-17。

表3-17 各种畜禽的漏缝地板尺寸

| 畜禽种类 | 畜禽年龄 | 缝隙宽（mm） | 板条宽（mm） | 备 注 |
|---|---|---|---|---|
| 牛 | 10d～4月龄 | 25～30 | 50 | 板条横断面为上宽下窄梯形，而缝隙为下宽上窄梯形；表中缝隙及板条宽度均指上宽，畜禽舍地面可分全漏缝或部分漏缝地板 |
|  | 5～8月龄 | 35～40 | 80～100 |  |
|  | 9月龄以上 | 40～45 | 100～150 |  |
| 猪 | 哺乳仔猪 | 10 | 40 | 板条厚25mm，距地面高0.6m。板条占舍内地面的2/3，另1/3铺垫草 |
|  | 育成猪 | 12 | 40～70 |  |
|  | 中猪 | 20 | 70～100 |  |
|  | 育肥猪 | 25 | 70～100 |  |
|  | 种猪 | 25 | 70～100 |  |
| 羊 |  | 18～20 | 30～50 |  |
| 种鸡 |  | 25 | 40 |  |

（2）粪尿沟。粪尿沟位于漏缝地板的下方，用以贮存由漏缝地板落下的粪尿，随时或定期清除。一般宽度为0.8～2.0m，深度为0.7～0.8m，向粪水池方向具有3‰～5‰的坡度。

**（二）畜禽舍防潮管理措施**

在生产实践中，防止舍内潮湿特别是冬季，是一个比较困难而又非常重要的问题，必须从多方面采取综合措施。

（1）科学选择场址，把畜禽舍修建在高燥的地方。

(2) 畜禽舍的墙基和地面应设防潮层，天棚和墙体要具有保温隔热能力并设置通风管道。

(3) 对已建成的畜禽舍应待其充分干燥后才开始使用。

(4) 保证舍内排水流畅，防止饮水器漏水。

(5) 在饲养管理过程中尽量减少舍内用水，并力求及时清除粪便，以减少水分蒸发。

(6) 加强畜禽舍保温，勿使舍温降至露点以下。

(7) 保持舍内通风良好，在保证温度的情况下尽力加强通风换气，及时将舍内过多的水汽排出。

(8) 铺垫草可以吸收大量水分，是防止舍内潮湿的一项重要措施。

> **小贴士**
>
> 湿度计的构造与使用
>
> （一）干湿球温湿度表
>
> 1. 构造　温湿度表是由两支 50℃ 的温度表组成，其中一支温度表包以清洁的脱脂纱带，纱带下端放入盛有蒸馏水的水槽中（称湿球），另一支和普通温度表一样，不包纱带（称干球）。由于蒸发散热的结果，湿球所示的温度较干球所示温度低，其相差度数与空气中相对湿度成一定比例。生产现场使用最多的是简易干湿球温度计，而且多用附带的简表求出相对湿度（图3-10）。
>
>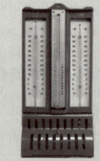
>
> 图3-10　干湿球温湿度计
>
> 2. 使用
>
> （1）先在水槽中注入 1/3～1/2 的蒸馏水，再将纱布浸于水中，挂在空气缓慢流动处，10min 后，先读湿球温度，再读干球温度，计算出干、湿球温度之差。
>
> （2）转动干湿球温度计上的圆筒，在其上端找出干、湿球温度的差数。
>
> （3）在实测干球温度的水平位置做水平线与圆筒竖行干湿差相交点读数，即为相对湿度。
>
> 3. 注意事项　干湿球温湿度表应避免阳光直接照射，避开热源与冷源；测定点的高度一般应以畜禽的头部高度为准；水壶内应注入蒸馏水。
>
> （二）通风干湿球温湿度表
>
> 1. 构造　其构造原理与干湿球温湿度表相似，但两支水银温度表都装入金属套管中，球部有双重辐射防护管，套管顶部装有一个用发条驱动的风扇，启动后抽吸空气均匀地通过套管，使球部处于不小于 2.5m/s 的气流，形成固定风速，加上金属管的反射作用，减少气流和辐射热的影响，测得较为准确的温度和湿度（图3-11）。
>
>
>
> 图3-11　通风干湿球温度计

2. 使用

(1) 用吸管吸取蒸馏水送入湿球温度计套管盒，湿润温度计感应部的纱条。

(2) 用钥匙上满发条，将仪器垂直挂在测定地点，如用电动通风干湿表则应接通电源，使通风器转动。

(3) 通风5min后读干、湿温度表所示温度。先读干球温度，后读湿球温度，然后按以下公式计算绝对湿度：

$$K=E-a(t-t')P$$

式中，$K$ 为绝对湿度；$E$ 为湿球所示温度时的饱和湿度；$a$ 为湿球系数（0.000 67）；$t$ 为干球所示温度；$t'$ 为湿球所示温度；$P$ 为测定时的气压。

3. 注意事项　夏季测量前15min，冬季测量前30min，将仪器放置测量地点，使仪器本身温度与测定地点温度一致。测量时如有风，人应站在下风侧读数，以免受人体散热的影响。在户外测定时，如风速超过4m/s应将防风罩套在风扇外壳的迎风面上，以免影响仪器内部的吸入气流。

## 技能训练　畜禽舍湿度测定与评价

现场测定某畜禽舍湿度指标，将相关信息填入表3-18。

表3-18　畜禽舍湿度测定与评价

| 实训单位名称 | | | | 地　　点 | | | |
|---|---|---|---|---|---|---|---|
| 畜禽种类 | | | | 饲养头数 | | | |
| 畜禽舍类型 | | | | 记录时间 | | | |
| 舍外湿度 | 测定时间 | 08：00 | 12：00 | 15：00 | 18：00 | | 平均值 |
| | 湿度（%） | | | | | | |
| 舍内湿度 | 测定部位 | 天棚 | 畜床 | 畜体高 | 畜禽舍中部 | 墙内面 | 墙角 | 平均值 |
| | 湿度（%） | | | | | | | |
| 综合评定 | 评价依据：<br><br>评价结论：<br><br><br>测定与评价人：_____　　日期：____年___月___日 ||||||||
| 教师评价 | （根据表中内容的准确性和学生学习态度、团队配合能力、社会观察能力和实践能力综合评定。）<br><br><br>指导教师姓名：_____　　　日期：_____年___月___日 ||||||||

## 任务评价

### 一、名词解释

空气湿度　水汽压　相对湿度　绝对湿度　饱和差　露点

### 二、判断题

1. 相对湿度越大，空气中水汽含量越高。（　　）
2. 增大湿度阻碍了蒸发散热，但对非蒸发散热影响不大。（　　）
3. 露点与空气中水汽含量有关，水汽量越多，露点越低。（　　）
4. 湿度过低是家禽羽毛生长不良、蓬乱的原因之一。（　　）
5. 高湿是造成鸡啄癖、啄肛、猪皮肤开裂和脱屑的原因之一。（　　）。
6. 畜禽舍内水汽70%～75%来自畜禽本身。（　　）
7. 无论气温高低，高湿均有利于畜体热调节。（　　）
8. 鸡、兔球虫病的发生与空气湿度大小有关，湿度越大越不利于球虫病的发生。（　　）
9. 排尿沟分为明沟和暗沟，暗沟不易清洗和消毒，一般建议畜禽舍用明沟。（　　）
10. 在排水系统设计中，漏缝地板的缝隙间距和板条的宽度与畜禽种类无关。（　　）

### 三、填空题

1. 畜禽舍内适宜的湿度标准是_____，最大不超过_____%，牛舍用水量大可以放宽到_____%。
2. 畜禽舍清粪方式一般分为_____、_____和_____等方式。
3. 传统式排水系统一般由_____、_____、_____、_____和_____组成。
4. 排水系统设计中对畜床坡度的要求猪舍为_____，牛舍为_____。
5. 地下排出管道距离大于_____m时，应设检查井，其坡度一般为_____。
6. 漏缝地板的形式有_____和_____两种。

### 四、简答题

1. 为什么说"不论气温高低，高湿对畜禽体温调节均不利"？
2. 结合生产实际，试叙述畜禽养殖场调控舍内湿度的可行性措施。
3. 简述干湿球温湿度表的基本结构、工作原理、操作方法及注意事项。

## 任务 4  畜禽舍通风换气调控

> 知识信息

### 一、气流的产生和变动

#### （一）气流的产生及描述

**1. 气流的产生**  气流俗称为风，空气经常处于流动状态。空气流动的主要原因，是由于两个相邻地区的温度差异而产生的。温度的差异造成了气压差。气温高的地区，气压较低；气温低的地区，气压较高。高压地区的空气向低压地区流动，这种空气的水平移动称为风。

**2. 气流的描述**  气流的状态通常用"风速"和"风向"来表示。

风速是指单位时间内，空气水平移动的距离，单位是 m/s。风速的大小与两地气压差成正比，而与两地的距离成反比。

风向是指风吹来的方向，常以 8 个或 16 个方位来表示。我国大陆大部分处于亚洲东南季风区。夏季，大陆气温高、气压低，而海洋气温低、气压高，故在夏季盛行东南风，同时带来潮湿空气，较为多雨；冬季，大陆气温低，海洋气温高，故多西北风。西北风较干燥，东北风多雨雪。此外，西南地区还受季风的影响，夏季吹西北风，冬季吹东北风。

**3. 风向频率及风向频率图**  风向是经常发生变化的，如果长期观察风向，就可以找出某种风向的频率。风向频率是指某风向在一定时间内出现的次数占各风向在该时间内出现总次数的百分比。在实际应用中，常用一种特殊的图形表示各种风向的频率情况，这种图形称为风向频率图（图 3-12）。风向频率图即将某一地区，某一时期内（全月、全季、全年或几十年）全部风向次数的百分比，按罗盘方位绘出的几何图形。它的做法是在 8 条或 16 条中心交叉的直线上，按罗盘方位，把一定时期内各种风向的次数用比例尺以绝对数或百分率画在直线上，然后把各点用直线连接起来。这样得出的几何图形，就是风向频率图。

风向频率图可以表明某一地区一定时间内的主导风向，为选择养殖场场址、养殖场功能分区规划、畜禽舍朝向及畜禽舍门窗设计等提供参考依据。

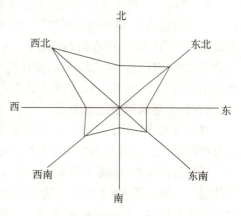

图 3-12  某地冬季风向频率图

#### （二）畜禽舍内气流的产生与变动

畜禽舍内外，由于温度高低和风力大小的不同，使畜禽舍内外的空气通过门、窗、通气口和一切缝隙进行自然交换，发生空气的内外流动。在畜禽舍内因畜禽的散热和蒸发，使温暖而潮湿的空气上升，周围较冷的空气来补充而形成舍内的对流。舍内空气流动的速度和方向，主要取决于畜禽舍结构的严密程度和畜禽舍的通风方式，尤其是机械通风。此外，舍内围栏的材料和结构、笼具的配置等对气流的速度和方向有一定影响。如机械通风时，在叠层笼养鸡舍中，笼具遮挡可导致风速下降5%～10%。

## 二、气流对畜禽的影响

### （一）对热调节的影响

**1. 高温** 高温时气流有利于畜禽对流散热和蒸发散热，缓和高温对畜禽的影响。如气温为32.7℃时，风速由1.1m/s增加到1.6m/s，鸡的产蛋率提高18.5%；气温为21.1～35.0℃时，气流由0.1m/s增至2.5m/s，可使小鸡增重提高38%。因此，夏季应尽量提高舍内气流速度，增加通风量。

**2. 低温** 低温时气流促进畜禽的对流散热，能耗增多，降低畜禽对饲料的利用率，甚至使生产性能下降。研究表明，仔猪在低于临界温度（如18℃）时，风速由0m/s增加到0.5m/s，生长率和饲料利用率下降15%和25%。气温为2.4℃的鸡舍，气流由0.25m/s增加到0.5m/s，产蛋率由77%下降到65%，平均蛋重由65g降为62g。

### （二）对生产性能的影响

**1. 生长和肥育** 气流对猪的肥育性能的影响，取决于气温，即在低温环境中增大风速，畜禽要增加物质能量代谢，增加产热量即增加维持代谢而降低生产性能。例如，仔猪在低于下限临界温度（18℃）的气温中，风速由0m/s增加到0.5m/s，生长率和饲料利用率分别下降15%和25%；在高温环境中增大气流会提高牛的采食量和生产性能，例如，在31℃高温中，加大风速能提高其采食量和生长率，也能显著提高牛增重和饲料利用率。

**2. 产蛋性能** 在低温环境中，增加气流速度，可使蛋鸡产蛋率下降；在高温环境中，增加气流，可提高产蛋率。

**3. 产奶量** 在适宜温度条件下，风速对奶牛产奶量无显著影响。例如，气温在26.7℃以下、相对湿度为65%时，风速为2.0～4.5m/s，对欧洲牛及印度牛的产乳量、饲料消耗和体重都没有影响；但在高温环境中，增大风速，可减小高温对奶牛产奶量的影响。例如，与适宜温度相比较，在29.4℃高温环境中，当风速为0.2m/s时，产奶量下降10%；但当风速增大到2.2～4.5m/s，奶牛产乳量可恢复到原来水平。

### （三）对畜禽健康的影响

气流对畜禽健康的影响主要出现在寒冷环境中。应注意两方面的问题，既对舍饲畜禽应注意严防贼风；对放牧畜禽应注意严寒中的避风，特别是夜间。

贼风是在畜禽舍保温条件较好，舍内外温差较大时，通过墙体、门、窗的缝隙，侵入的一股低温、高湿、高风速的气流。这股气流比周围舍温低，湿度可接近或达到饱和，风速比周围舍内气流大得多，易引起畜禽关节炎、神经炎、肌肉炎等疾病，甚至引起冻伤。故民谚中有"不怕狂风一片，只怕贼风一线"的说法。防止贼风通常采用堵塞屋顶、天棚、门窗上的一切缝隙，避免在畜床部位设置漏缝地板，注意进气口的设置，防止冷风直接吹袭畜体。低温潮湿的气流促使畜禽体大量散热，使热增耗增多，导致畜禽机体免疫力下降，对疾病的抵抗力降低，容易诱发各种疾病，如鸡新城疫、仔猪下痢、感冒甚至发生肺炎，增加幼畜的死亡率。

## 三、舍内气流标准

一般来讲，冬季畜体周围的气流速度以0.1～0.2m/s为宜，最高不超过0.25m/s。在密闭性较好的畜禽舍，气流速度不难控制在0.2m/s以下，但封闭不良的畜禽舍，有时可达

0.5m/s 以上。值得注意的是，严寒地区为了追求保暖，冬季常将门窗密闭，甚至将通气管也封闭起来，因而舍内空气停滞、污浊，反而给人和畜禽带来不良影响。畜禽舍内的气流速度，能反应畜禽舍的换气程度。例如气流速度在 0.01~0.05m/s，说明畜禽舍的通风换气不良；相反，大于 0.4m/s，则说明舍内有风，对保温不利。在炎热的夏季，应当尽量加大气流或用风扇加强通风，风速一般要求不低于 1m/s，机械通风的畜禽舍风速不应超过 2m/s。

### 四、畜禽舍通风换气调控

畜禽舍通风换气是畜禽舍空气环境控制的一个重要方面。在高温条件下，通过加大气流，排除舍内热量，增加畜禽舒适感，缓和高温的影响，称为通风。冬季畜禽舍密闭的情况下，引进舍外新鲜空气，排除舍内污浊空气，能防止舍内潮湿和病原微生物的滋生蔓延，保证畜禽舍空气清新称为换气。畜禽舍通风换气调控主要通过科学计算通风量和合理设计通风系统来实现。

#### （一）通风换气量的计算

畜禽舍通风换气一般以通风量（$m^3/h$）和风速（$m/s$）来衡量。通风换气量计算的方法有参数法、换气次数法和风速法，此外还有二氧化碳法、水汽法、热量法等。

**1. 参数法** 根据畜禽通风换气参数（表 3-19、表 3-20）计算通风量，对畜禽舍通风换气系统的设计，特别是对大型畜禽舍机械通风系统的设计提供了方便。

表 3-19 各种畜禽通风换气量技术参数

| 畜禽种类 | | 体重（kg） | 推荐通风需要量 [$m^3/(h·头)$] | | |
|---|---|---|---|---|---|
| | | | 冬季 | 温暖季节 | 夏季 |
| 猪 | 母猪带仔 | 182 | 34 | 136 | 850 |
| | 保育前期仔猪 | 5~14 | 3 | 17 | 43 |
| | 保育后期仔猪 | 14~34 | 5 | 26 | 60 |
| | 生长猪 | 34~68 | 12 | 41 | 128 |
| | 育肥猪 | 68~100 | 17 | 60 | 204 |
| | 妊娠母猪 | 148 | 20 | 68 | 225 |
| | 公猪 | 182 | 24 | 85 | 306 |
| 奶牛 | 0~2 月龄 | | 26 | 85 | 126 |
| | 2~12 月龄 | | 34 | 102 | 221 |
| | 12~24 月龄 | | 51 | 136 | 305.8 |
| | 24 月龄以上母牛 | 450 | 61 | 204 | 570 |
| 蛋鸡 | | 0.45 | 0.2 | 0.8 | 1.7~2.5 |
| | | 2.0 | 1.0~1.2 | | 9.4 |
| | | 2.5 | 1.2~1.4 | | 11.2 |
| | | 3.5 | | | 14.4 |
| 肉鸡 | 0~7 日龄 | | 0.1 | 0.3 | 0.7 |
| | 大于 7 日龄 | | 0.2 | 0.2 | 1.5 |
| | | 0.45 | 0.2 | 0.2 | 1.7 |
| | | 0.2 | | | |
| | | 0.8 | 0.6 | | |
| | | 2.2 | 1.2~1.3 | | |
| | | 2.7 | 1.4~1.5 | | 12.2 |

注：由于配种猪舍的饲养密度低，每头种猪的推荐通风量为 510$m^3/h$。

表 3-20 猪舍通风量与风速

| 猪舍类别 | 通风量 [m³/(h·kg)] | | | 风速 (m/s) | |
| --- | --- | --- | --- | --- | --- |
| | 冬季 | 春、秋季 | 夏季 | 冬季 | 夏季 |
| 种公猪舍 | 0.35 | 0.55 | 0.70 | 0.30 | 1.00 |
| 空怀妊娠母猪舍 | 0.30 | 0.45 | 0.60 | 0.30 | 1.00 |
| 哺乳猪舍 | 0.30 | 0.45 | 0.60 | 0.15 | 0.40 |
| 保育猪舍 | 0.30 | 0.45 | 0.60 | 0.20 | 0.60 |
| 生长育肥猪舍 | 0.35 | 0.50 | 0.65 | 0.30 | 1.00 |

根据畜禽在不同生长年龄阶段通风换气参数与饲养规模，可计算出通风换气量。其公式为：

$$L = 1.1 \times K \times M$$

式中，$L$ 为通风换气量（m³/h）；$K$ 为通风参数 [m³/(h·kg) 或 m³/(h·头)]；$M$ 为畜禽头数或总体重（头、只或Kg）；1.1 为按10%的通风短路估算通风总量损失。

生产中采用自然通风时，北方寒冷地区以最小通风量（冬季通风参数）为依据确定通风口面积；采用机械通风时，在最热时期，应尽可能排除热量，并能在畜禽周围造成一个舒适的气流环境。因此，根据最大通风量（夏季通风参数）确定总通风量。

**2. 换气次数法** 换气次数是指 1h 内换入新鲜空气的体积为畜禽舍容积的倍数。一般规定，畜禽舍冬季换气应保持3~4次/h，不超过5次/h，冬季换气次数过多，容易引起舍内温度下降。换气次数法具有一定局限性，尤其是在畜禽舍较短时不宜适用。当公猪舍、配种舍、妊娠舍长度在60~90m时，可按换气次数法计算通风量。其通风换气量计算公式为：

$$L = N \times V$$

式中，$L$ 为通风换气量（m³/h）；$N$ 为通风换气次数（次/h）；$V$ 为畜禽舍容积（m³）。

**3. 风速法** 风速法是根据流经畜禽舍横截面的风速与横截面面积来确定通风量的方法。畜禽的推荐风速见表3-21。在湿帘降温系统设计中，风速法确定通风量是较为合理的计算方法，因为湿帘的降温能力通常在5~8℃，舍内必须有一定风速以降低畜禽的体感温度，缺点是投资比较高。其计算公式为：

$$L = S \times v \times 3\,600$$

式中，$L$ 为通风换气量（m³/h）；$v$ 为畜禽舍横截面的风速（m/s）；$S$ 为畜禽舍横截面面积（m²）；3 600 为时间换算常数。

表 3-21 不同种类畜禽的推荐适宜风速

| 畜禽种类 | 体重（kg） | 夏季风速（m/s） | 冬季风速（m/s） |
| --- | --- | --- | --- |
| 哺乳母猪 | 145 | 0.4 | 0.2 |
| 仔猪 | 1.5 | 0.4 | 0.25 |
| 生长育肥猪 | 25~80 | 0.6 | 0.3 |
| 成年猪 | 150~180 | 1.0 | 0.3 |
| 肉鸡 | | 1.0~2.0 | 0.25 |
| 蛋鸡 | | 1.0~2.5 | 0.2~0.5 |
| 奶牛 | | 2.9~4.0 | 0.5 |

### （二）自然通风系统设计

畜禽舍通风换气方式依据气流形成的动力分为自然通风和机械通风两种。自然通风分无管道和有管道两种形式。无管道自然通风是靠门、窗所进行的通风换气，它只适用于温暖地区或寒冷地区的温暖季节。在寒冷地区的封闭舍中，由于门窗紧闭，需靠专门通风管道进行换气。

**1. 自然通风原理** 自然通风是靠风压和热压为动力的通风。

（1）风压通风原理。当外界有风时，畜禽舍的迎风面的气压将大于大气压，形成正压；而背风面的气压将小于大气压而形成负压，空气必从迎风面的开口流入，从背风面的开口流出，即形成风压通风（图3-13A）。只要有风就有自然通风现象。风压通风量受风与开窗墙面的夹角、风速、进风口和排风口的面积等因素的影响。

（2）热压通风原理。舍内空气被畜体、采暖设备等热源加热，膨胀变轻，热空气上升聚积于畜禽舍顶部或天棚附近而形成高压区，使畜禽舍上部气压大于舍外，这时屋顶如有缝隙或其他通道，空气就逸出舍外（图3-13B）。通风量大小取决于舍内外温差、进风口和排风口的面积、进风口和排风口中心的垂直距离等因素。

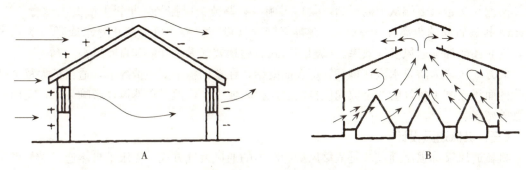

图3-13 畜禽舍自然通风
A. 风压通风　B. 热压通风

**2. 自然通风设计** 自然通风设计的方法主要在于确定进气口和排气口的面积。在自然通风系统设计中，由于畜禽舍外风力无法确定，通常按无风时设计，以热压通风来确定进排气口的面积。

（1）排气口总面积。根据空气平衡方程，即进风量等于排风量，故畜禽舍通风量 $L=3\,600Fv$，导出：

$$F=L/3\,600v$$

式中，$F$ 为排气口总面积（$m^2$）；$L$ 为通风换气量（$m^3/h$）；$v$ 为排气管中的风速（m/s）。排气管中的风速 $v$ 可用下列公式计算：

$$V=0.5\sqrt{\frac{2gh(t_n-t_w)}{273+t_w}}$$

式中，0.5为排气管阻力系数；$g$ 为重力加速度9.8（$m/s^2$）；$h$ 为进、排气口中心的垂直距离（m）；$t_n$、$t_w$ 为舍内、外空气温度（℃）；$t_w$ 一般为冬季最冷月平均气温（可查当地气象资料）；273为相当于0℃的热力学温度（K）。

每个排气管的断面积一般采用50cm×50cm至70cm×70cm的正方形。

（2）进气口面积。排气口面积应与进气口面积相等，但通过门窗缝隙或畜禽舍孔洞以及门窗启闭时，会有一部分空气进入舍内。所以，进气口面积往往小于排气口面积。进气口面积一般按排气口面积的70%～75%设计。每个进气口的面积为20cm×20cm至25cm×25cm的正方形或矩形。

掌握进气口的面积在生产上便于计算与设计（或评价）已建成畜禽舍的通风量能否满足要求，也可根据所需通风量计算排气口面积。

（3）通风管的构造及安装。

①进气管：用木板做成，断面呈正方形或矩形。均匀（一侧）或交错（两侧）安装在纵墙上，距墙基10～15cm处，彼此间的距离为2～4m，墙外进气口向下弯有利于避免形成穿堂风或冬季冷空气直接吹向畜体。进气口设有铁网，墙里侧设有调节板以控制风量大小。在温热地区，进气口设置在窗户的下侧，距墙基10～15cm处，也可用地角窗来代替。在寒冷地区，进气口常设置在窗户的上侧，距屋檐10～15cm处，也有的猪、禽舍将进气口设置成侧壁式，即进气口处为空心墙，墙内外分别上下交错开口，使冷空气流通时有个预热的过程。

②排气管：用木板做成，断面为正方形，管壁光滑，不漏气、保温。常设置在屋脊正中或其两侧并交错，下端从天棚开始，紧贴天棚设有调节板以控制风量，上端突出屋脊50～70cm，排气管间的距离在8～12m，在排气管顶部设有风帽，可以防止降水或降雪落入舍内，同时还能加强通风换气效果。风帽的形式有屋顶式（无百叶）和百叶风帽。

北方地区，为防止水汽在排气管壁表面凝结，在总面积不变的情况下，适当扩大每个排气管的面积而减少排气管的个数能使自然通风投入成本少，但受自然风速影响大，只能用于小型养殖场。

### （三）机械通风设计

机械通风又称强制通风，是依靠风机为动力的通风换气方式，克服了自然通风受外界风速、舍内外温差等因素的限制，可根据不同气候、季节、畜禽种类设计理想的通风量和舍内气流的速度，尤其适合于大型密闭式畜禽舍，是畜禽舍空气环境控制的一个重要手段。

**1. 风机类型的选择** 畜禽舍机械通风设计时风机类型的选择取决于通风方式，一般正压通风设计常用离心式风机，负压通风设计常用轴流式风机。

在选择风机时，既要考虑风机克服阻力的能力强，通风效率高，又要满足通风量和风机全压的要求。畜禽舍一般采用大直径、低转速的轴流式风机（表3-22）。

表3-22 畜禽舍常用风机性能参数

| 风机型号 | 叶轮直径（mm） | 叶轮转速（r/min） | 风压（Pa） | 风量（m³/h） | 轴功率（kW） | 电机功率（kW） | 噪声（dB） | 机重（kg） | 备注 |
|---|---|---|---|---|---|---|---|---|---|
| 9FJ-140 | 1 400 | 330 | 60 | 56 000 | 0.760 | 1.10 | 70 | 85 | |
| 9FJ-125 | 1 250 | 325 | 60 | 31 000 | 0.510 | 0.75 | 69 | 75 | |
| 9FJ-100 | 1 000 | 430 | 60 | 25 000 | 0.380 | 0.55 | 68 | 65 | |
| 9FJ-71 | 710 | 635 | 60 | 13 000 | 0.335 | 0.37 | 69 | 45 | 静压时数据 |
| 9FJ-60 | 600 | 930 | 70 | 9 600 | 0.220 | 0.25 | 71 | 25 | |
| 9FJ-56 | 560 | 729 | 60 | 8 300 | 0.146 | 0.18 | 64 | | |
| SFT-No.10 | 1 000 | 700 | 70 | 32 100 | | 0.75 | 75 | | |
| SFT-No.9 | 900 | 700 | 80 | 21 000 | | 0.55 | 75 | | |
| SFT-No.7 | 700 | 900 | 70 | 14 500 | | 0.37 | 69 | 52 | |
| Xt-17 | 600 | 930 | 70 | 10 000 | 0.250 | 0.37 | 69 | 52 | |
| T35-56 | 560 | 960 | 61 | 7 107 | | 0.37 | >75 | | |

**2. 机械通风方式**　机械通风按舍内气压变化分为正压通风、负压通风和联合通风 3 种形式。

（1）正压通风。正压通风也称进气式通风或送风，是把离心式风机安装在进气口，通过管道将空气压入舍内，造成舍内气压高于舍外，舍内空气则由排风口自然流出。正压通风可对空气进行加热、降温、排污或净化处理，但不易消除通风死角，设备投资也较大。正压通风计算和设计复杂，一般应由专业人员承担设计。正压通风根据风机位置分为屋顶送风形式、两侧壁送风形式、侧壁送风式（图 3-14）。畜禽舍正压通风一般采用屋顶水平管道送风系统。

　　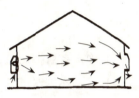

两侧壁送风形式　　　屋顶送风形式　　　侧壁送风形式

图 3-14　正压通风形式

（2）负压通风。负压通风也称排风式通风或排风，是把轴流式风机安装在排气口处，将舍内空气抽出舍外，造成舍内气压低于舍外，舍外空气由进风口自然流入，是生产中常用的通风形式。负压通风投资少，效率高，费用低，因而在畜禽生产中广泛使用，但要求畜禽舍封闭程度好，否则气流难以分布均匀，易造成贼风。负压通风根据风机位置分为屋顶排风形式、侧壁排风形式和穿堂风式排风形式 3 种（图 3-15）；根据气流的方向分为纵向负压通风和横向负压通风（图 3-16）。

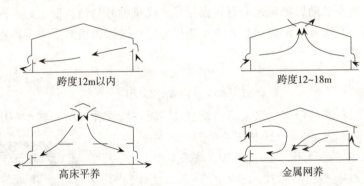

图 3-15　负压通风形式

（3）联合式通风。也称混合式通风，进风口和排风口同时安装风机，同时可进风与排风，一般用于跨度较大的畜禽舍，设备投资大。

**3. 横向负压通风设计**

（1）确定负压通风的形式。当畜禽舍跨度为 8~12m 时，一侧墙壁排风（装风机），对侧墙壁进风；畜禽舍跨度大于 12m 时，宜采用两侧墙壁（装风机）排风、屋顶进风，或屋顶排风、两侧墙壁进风形式。

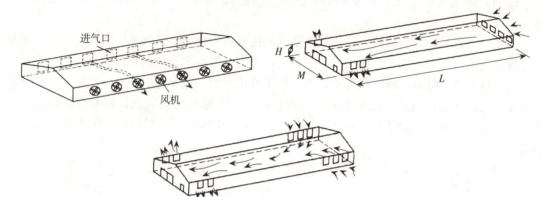

图 3-16 横向、纵向负压通风形式

(2) 确定畜禽舍通风量（L）。根据夏季通风参数确定总通风量。

(3) 确定风机数量（N）。一般风机设于一侧纵墙上，按纵墙长度（值班室、饲料间不计），每7～9m 设1台。

(4) 确定每台风机流量（Q）。其计算公式为：

$$Q=KL/N$$

式中，Q 为风机流量（$m^3/h$）；K 为风机效率的通风系数（取1.2～1.5）；L 为夏季通风量（$m^3/h$）；N 为风机台数。

(5) 风机的安装、管理与注意事项。风机与风管壁间的距离保持适当，风管直径大于风机叶片直径5～8cm 为宜；风机不能安装在风管中央，应在里侧；外侧装有防尘罩，里侧装有安全罩；风机不能离门太近，防止通风短路。定期清洁除尘，加润滑剂；冬季防止结冰；风速均匀恒定，不宜出现强风区、弱风区和通风换气的死角区；畜禽舍内不宜安装高速风机，且舍内冬、夏季节通风的风速应有较大差异；风机型号与通风要求相匹配，不宜采用大功率风机；进风口和排风口距离适当，防止通风短路；选择风机时要求噪声小，有防腐、防尘和过压保险等装置。

> **小贴士**
> 
> **热球式电风速仪使用**
> 
> 电风速仪由测杆探头和测量仪表两部分组成。测杆探头有线型、膜型和球型3种，球形探头装有两个串联的热电偶和加热探头的镍铬丝圈。热电偶的冷端连接在铜质的支柱上，直接暴露在气流中，当一定大小的电流通过加热圈后，玻璃球被加热，温度升高的程度与风速呈现负相关，风速小则升高的程度大，反之升高的程度小。升高程度的大小通过热电偶在电表上指示出来。将测头放在气流中即可直接读出气流速度。其特点是使用方便，灵敏度高，反应速度快，最小可以测量0.05m/s的微风速（根据电表读数查校正曲线，求得实际风速）（图3-20）。其操作方法如下。
> 
> (1) 轻轻调整电表上的机械调零螺旋，使指针调到零点。

图 3-17 热球式电风速仪

（2）将"矫正开关"置于"断"的位置，将测杆插头插在插座内，测杆垂直向上放置，螺塞压紧使测杆密闭，这时探头的风速为零。将"矫正开关"置于"满度"，调整"满度调节"旋钮，使电表指针调至满度刻度位置。

（3）将"矫正开关"置于"零位"，调整"粗调""细调"旋钮，将电表指针调到零点位置。

（4）轻轻拉动测杆塞，使测杆探头露出，测杆上的红点对准风向，从电表上即可读出风速值。

## 技能训练

### 一、畜禽舍机械通风设计

设计某畜禽舍机械通风，将相关信息填入表3-23。

表3-23 畜禽舍机械通风设计

| 实训单位名称 | | | 地 址 | |
|---|---|---|---|---|
| 饲养规模 | | | 畜禽舍种类 | |
| 机械通风类型 | □正压通风　□负压通风　□联合式通风 | | | |
| 通风量计算 | 通风参数 $K$ [m³/（h·kg）] | | 畜禽数或总体重 $M$ （头、只、kg） | |
| | $L=1.1 \times K \times M =$ | | | |
| 风机类型 | □离心式风机　□轴流式风机 | | | |
| 风机参数 | 型号：_____　风量（$Q$）：_____　功率：_____　噪声：_____　机重：_____ | | | |
| 风机台数 | $N=L/Q=$ | | | |
| 风机安装 | 横向通风示意图 | （此处绘制风机安装示意图，标明前后墙、窗户及风机间距、位置等） | | |
| | 纵向通风示意图 | （此处绘制风机安装示意图，标明前后墙、窗户及风机间距、位置等） | | |
| 综合评定 | 设计依据： 设计结论： 设计人：_____　　　　　日期：_____年___月___日 | | | |
| 教师评价 | （根据表中调查内容的准确性和学生学习态度、团队配合能力、社会观察能力和实践能力综合评定。） 指导教师姓名：_____　　　　　日期：_____年___月___日 | | | |

## 二、某畜禽舍通风效果评价

调研某养殖场畜禽舍通风效果，将相关信息填入表3-24。

表3-24 某畜禽舍通风效果评价

| 实训单位名称 | | | 地 址 | |
|---|---|---|---|---|
| 饲养规模 | | | 畜禽舍种类 | |
| 通风类型 | □1. 机械通风：□正压通风　□负压通风　□联合式通风<br>□2. 自然通风 ||||
| 通风量测定 | 风速仪型号 | | 风机数量 $m$（台） ||
| 通风量测定 | 风速测定方法 | 匀速移动测量法 | 按右图所示，匀速移动风速仪测定。 ||
| 通风量测定 | 风速测定方法 | 定点测量法 | 按风口截面大小，把它划分为若干面积相等的小块，在其中心处测量，较大截面积的矩形风口可选大小相等的 9～12 个小方格进行测量，较小的可选大小相等的 5 个点来测定（见上图）。<br>风口的平均风速按下式计算：<br>$$V=\frac{V_1+V_2+V_3+\cdots+V_n}{n}$$<br>式中，$V_1$、$V_2$、$V_3$……$V_n$为各测点的风速（m/s），$n$为测定总数。 ||
| 通风量测定 | 风管截面的风速 $V$（m/s） | | 风管截面的面积 $S$（m²） ||
| 通风量测定 | 风管截面的通风量：$L=3\,600\times S\times V=$ ||||
| 通风量测定 | 畜禽舍总通风量 $L_总=L\times m=$ ||||
| 综合评定 | 评价依据：<br><br>评价结论：<br><br>评价人：_____　　　　　　　　日期：_____年___月___日 ||||
| 教师评价 | （根据表中调查内容的准确性和学生学习态度、团队配合能力、社会观察能力和实践能力综合评定。）<br>指导教师姓名：_____　　　　　　日期：_____年___月___日 ||||

# 任务评价

## 一、名词解释

气压　气流　风向频率图　季风　风速　贼风　通风　换气　换气次数　机械通风　正

压通风　负压通风　联合式通风

## 二、判断并改错

1. 气压的大小取决于空气密度的大小和海拔高低。密度越大，气压越小；海拔越高，气压越低。（　　）
2. 气压的变化与温度有一定的关系，温度越高，气压越高。（　　）
3. 我国大部分地区，夏季的主风向为东南风，冬季为西北风。（　　）
4. 气流总是由高气压向低气压地区流动。（　　）
5. 气流总是由温度较高的地区向温度低的地区流动。（　　）
6. 风速的大小与两地间温差有关，温差越大，风速越大。（　　）
7. 自然通风设计时通风量的计算用夏季参数。（　　）
8. 自然通风设计时进气口的面积与排气口面积相等。（　　）
9. 纵向负压通风的平均风速比横向负压通风平均风速提高 5 倍。（　　）
10. 离心式风机多适用于正压通风形式，正压通风设计简单，是畜禽舍最普遍使用的通风类型。（　　）

## 三、填空题

1. 自然通风的动力是_____。
2. 无管道自然通风适用于_____地区，但在寒冷季节通风效果_____。
3. 强制通风即_____通风。用风机抽出舍内污浊空气的人工通风方式称_____通风。
4. 畜禽舍内常采用的通风换气量的确定方法有_____、_____和_____。
5. 在任何季节畜禽舍内都需保持一定的气流，达到通风换气的目的。冬季畜体周围的气流速度以_____ m/s 为宜，最大不超过_____ m/s。夏季气流速度以不超过_____ m/s 为宜。
6. 机械通风按舍内外气压差分为_____、_____和_____通风形式，也可按舍内气流方向分为_____和_____通风。
7. 自然通风设计时，进气口面积一般是排气口面积的_____。
8. 屋顶排气管，一般上端高出屋顶_____ m，下端伸入舍内不少于_____ m，排气管之间的间距为_____ m。

## 四、连线题

| 条件 | 结果 |
| --- | --- |
| 温度高 | 气压高 |
| 海拔高 | 风 |
| 温度低 | 气压低 |
| 气体水平流动 | 气压低 |
| 两地间气压不平衡 | 气流 |

### 五、简答题

1. 夏季增大风速有何作用？
2. 如何理解"不怕狂风一片，就怕贼风一线"？
3. 叙述自然通风和机械通风的概念，比较两种通风方式的原理、通风效果及生产中的应用有何不同？
4. 为什么畜禽舍内最大通风量是以夏季通风量为依据？
5. 轴流式风机与离心式风机各有什么优缺点？
6. 风机安装时应注意哪些事项？

## 任务5　畜禽舍空气质量调控

### 知识信息

在规模化、集约化畜禽生产过程中，由于畜禽本身的新陈代谢，以及大量使用垫料、饲料等，如果通风换气不良或饲养管理不善，就会产生大量的粪尿污水等废弃物，还会产生大量的微粒、微生物、有害气体、噪声及臭气等，严重污染畜禽舍空气环境，影响畜禽健康和生产力。因此，控制畜禽舍空气质量是保证畜禽健康和生产优质产品的重要措施。

### 一、畜禽舍空气中微粒和微生物污染及其控制

#### （一）微粒

微粒是指以固体或液体微小颗粒形式存在于空气中的分散胶体。在大气和畜禽舍空气中都含有微粒，其数量的多少和组成随当地地面条件、土壤特性、植被状况、季节与气象等因素不同而不同，随居民、工厂、农事活动的不同而有所变化。

**1. 来源**　畜禽舍内微粒一小部分来源于舍外空气，主要是饲养管理过程（分发饲料、清扫地面、使用垫料、通风除粪、刷拭畜体、饲料加工）及畜禽本身（活动、咳嗽、鸣叫）产生。

**2. 特点**　畜禽舍内微粒和舍外大气中微粒差异很大。

（1）畜禽舍空气中有机微粒所占的比例可达60%以上，为微生物的生存提供条件。

（2）往往携带病原微生物，从而传播疾病。

（3）颗粒直径小，小于$5\mu m$的居多，含量为$10^3 \sim 10^6$粒/$m^3$，悬浮于空气中吸入畜禽呼吸道深部，加剧危害程度。

**3. 危害**　粒径大小影响其侵入畜禽呼吸道的深度和停留时间，故造成的危害程度也不同。同时，微粒的化学性质决定危害的性质。微粒对畜禽的直接危害在于它对皮肤、眼睛和呼吸的作用。

（1）皮肤。微粒落到畜禽体表，可与皮脂腺、汗腺的分泌物、细毛、皮屑及微生物混合在一起对皮肤产生刺激作用，引起发痒、发炎，同时使皮脂腺、汗腺管道堵塞，皮脂、汗液分泌受阻，致使皮肤干燥、龟裂，热调节机能破坏，从而降低畜体对传染病的抵抗力和抗热应激能力。

(2) 眼睛。大量微粒落在眼结膜上，会引起灰尘性结膜炎或其他眼病。

(3) 呼吸道。空气中的微粒被吸入呼吸道后，刺激呼吸道黏膜引起呼吸道炎症。如降尘可对鼻黏膜发生刺激作用，但经咳嗽、喷嚏等保护性反射可排出体外；飘尘可进入支气管和肺泡，其中一部分会沉积下来，另一部分会随淋巴循环到淋巴结或进入血液循环系统，然后到其他器官，从而引起畜禽鼻咽、支气管和肺部炎症，大量微粒还能阻塞淋巴管或随淋巴液到淋巴结、血液循环系统，引起尘埃沉积病，表现为淋巴结尘埃沉着、结缔组织纤维性增生、肺泡组织坏死，导致肺功能衰退等。有些有害物质微粒还能吸附氨气、硫化氢以及细菌、病毒等，其危害更为严重。

此外，某些植物的花粉散落在空气中，能引起人和畜禽过敏性反应；畜禽舍空气中的微粒还会影响乳的质量。

**4. 畜禽舍中微粒的卫生标准** 我国《农产品安全质量　无公害畜禽肉产地环境要求》(GB/T 18407.3—2001) 中对微粒的评价有两项指标，即可吸入颗粒物（$PM_{10}$）和总悬浮颗粒物（TSP），其质量标准见表 3-25。

表 3-25　养殖场空气环境质量

| 序号 | 项目 | 单位 | 缓冲区 | 场区 | 舍区 | | |
|---|---|---|---|---|---|---|---|
| | | | | | 禽舍 | 猪舍 | 牛舍 |
| 1 | $PM_{10}$ | mg/m³ | 0.5 | 1 | 4 | 1 | 2 |
| 2 | TSP | mg/m³ | 1 | 2 | 8 | 3 | 4 |

注：表中数据皆为日均值。

**5. 控制措施**

(1) 养殖场选址时远离粉尘较多的工厂，同时养殖场周围种植防护林带，场内种草种树，绿化和改善畜禽舍及养殖场地面环境。

(2) 饲料加工场所设防尘装置并与畜禽舍保持一定距离。

(3) 各种饲养管理操作如分发草料、打扫地面、清粪、翻动垫料等容易引起微粒飞扬，应尽量避免，趁畜禽不在舍内时完成。

(4) 保证舍内良好的通风换气，进风口安装空气过滤器。

(5) 禁止在舍内刷拭畜体，防止皮肤病的交叉感染。

**（二）微生物**

当空气污染后，微生物可附着在微粒上生存而传播疾病。在畜禽舍内，特别是通风不良、饲养密度大、环境管理差的畜禽舍中，由于湿度大、微粒多，紫外线的杀伤力微弱，微生物的来源也多，其数量远远超过大气和其他场所。

**1. 危害** 当畜禽舍空气中含有病原微生物时，就可附着在飞沫和尘埃两种不同的微粒上传播疾病。

(1) 飞沫传染。当病畜患有呼吸道传染病，如肺结核、猪气喘病、流行性感冒时，病畜咳嗽、打喷嚏、鸣叫等喷发的大量飞沫液滴中就会含有大量病原微生物，且飞沫中含有有利于微生物生存的黏液素、蛋白质和盐类物质（唾液中存在）。滴径在 $10\mu m$ 左右时，由于重量大而很快沉降，在空气中停留时间很短；而滴径小于 $1\mu m$ 的飞沫，可长期飘浮在空气中，并侵入畜禽支气管深处和肺泡而发生传染。

(2) 尘埃传染。病畜排泄的粪尿、飞沫、皮屑等经干燥后形成微粒，微粒中常含有病原微生物，如结核菌、链球菌、霉菌孢子、芽孢杆菌、鸡马立克病毒等，在清扫地面或刮风时漂浮于空气中，被易感动物吸入后就可能发生传染。

一般来说，畜禽舍中飞沫传染在流行病学上比尘埃传染更为重要。

**2. 控制措施** 为了预防空气传染，除了严格执行对微粒的防治措施外还必须注意以下几个方面。

（1）新建养殖场要合理选址，科学布局，远离医院、屠宰场等传染源较多的场所。

（2）建立严格的检疫、消毒和病畜隔离制度。

（3）对同一畜禽舍的畜禽采取"全进全出"的饲养制度。

（4）保持畜禽舍空气干燥，通风换气良好，及时清除舍内粪尿污水、更换垫料。

## 二、畜禽舍空气中有害气体污染及其控制

### （一）畜禽舍空气中有害气体的来源、性质及危害

畜禽舍空气中有害气体主要有氨、硫化氢、二氧化碳、一氧化碳、甲烷和其他一些异臭气体。因为它们对人、畜均有直接毒害，或因不良气味刺激人畜的感官而影响工作效率，所以统称为有害气体。其中，最常见和危害较大的是氨、硫化氢和二氧化碳，其来源、性质及危害见表 3-26。

表 3-26　畜禽舍空气中有害气体的来源、性质及危害

| 有害气体 | 来源 | 性质 | 危害 |
|---|---|---|---|
| 氨气（$NH_3$） | 主要来源于各种含氮有机物（粪尿、垫料、饲料残渣等）腐败分解的产物和尿液中 | 无色有刺激性气味的气体，极易溶于水，温度越低在水中溶解的越多，氨的密度（0.596）很小 | 可引起咳嗽、流泪、鼻塞、眼泪、鼻涕和涎水显著增多。引起结膜和上呼吸道黏膜充血、水肿、分泌物增多，甚至发生咽喉水肿、支气管炎、肺水肿等。导致畜禽贫血、缺氧，抗病力会明显降低，产品质量和生产力下降。高浓度的氨可使畜禽呼吸中枢神经麻痹而死亡 |
| 硫化氢（$H_2S$） | 主要来源于含硫有机物的分解，尤其发生消化机能紊乱时，可由肠道排出大量硫化氢 | 无色具有臭鸡蛋气味的气体，易溶于水 | 对黏膜产生强烈刺激，引起眼炎、角膜混浊、流泪、怕光及呼吸道炎症甚至肺水肿。降低畜禽抗病力，造成头痛、恶心、心跳变慢、组织缺氧，高浓度的硫化氢能使畜禽呼吸中枢神经麻痹，导致窒息死亡，畜禽长期在低浓度硫化氢影响下，体质衰弱，体重减轻，抗病力下降，容易发生胃肠炎、心脏衰弱等 |
| 二氧化碳（$CO_2$） | 畜禽舍空气中二氧化碳主要来源于畜禽呼出的气体，舍内有机物分解也可产生一部分 | 常温下是无色略带酸味的气体，能溶于水的气体，密度大于空气密度 | 二氧化碳是无毒气体，对畜体没有直接危害。但是，当畜禽舍内二氧化碳浓度过高时，由于高浓度二氧化碳的影响，空气中的各种气体含量发生改变，尤其氧气的相对含量下降，会使动物出现慢性缺氧，生产力下降，体质衰弱，易感染结核等慢性传染病 |
| 一氧化碳（$CO$） | 一切含碳物质不完全燃烧时都可产生一氧化碳，舍内取暖漏气时浓度较高 | 无色无味的气体，密度比空气略小，不溶于水，易溶于氨水等弱极性的溶剂 | 一氧化碳是一种有剧毒的气体，是煤气的主要成分，吸入肺里很容易跟血液里的血红蛋白结合，使血红蛋白不能很好地跟氧气结合，影响氧气的输送，使血管通透性增强，最终导致窒息死亡 |

## （二）畜禽舍空气中有害气体的卫生标准

如表 3-27 至表 3-30 所示。

表 3-27 猪舍空气卫生指标（$mg/m^3$）

| 猪舍类别 | 氨 | 硫化氢 | 二氧化碳 | 细菌总数 | 粉尘 |
|---|---|---|---|---|---|
| 种公猪舍 | 25 | 10 | 1 500 | 6 | 1.5 |
| 空怀妊娠母猪舍 | 25 | 10 | 1 500 | 6 | 1.5 |
| 哺乳母猪舍 | 20 | 8 | 1 300 | 4 | 1.2 |
| 保育猪舍 | 20 | 8 | 1 300 | 4 | 1.2 |
| 生长育肥猪舍 | 25 | 10 | 1 500 | 6 | 1.5 |

表 3-28 禽场空气环境质量（$mg/m^3$）

| 项目 | 缓冲区 | 场区 | 雏禽舍 | 成禽舍 |
|---|---|---|---|---|
| 氨气（$NH_3$） | 2 | 5 | 10 | 15 |
| 硫化氢（$H_2S$） | 1 | 2 | 2 | 10 |
| 二氧化碳（$CO_2$） | 380 | 750 | 1 500 | 1 500 |
| 可吸入颗粒物（$PM_{10}$） | 0.5 | 1 | 4 | 4 |
| 总悬浮颗粒物（TSP） | 1 | 2 | 8 | 8 |
| 恶臭（稀释倍数） | 40 | 50 | 70 | 70 |

表 3-29 牛舍空气中有害气体标准含量

| 牛舍类别 | 二氧化碳（%） | 氨（$mg/m^3$） | 硫化氢（$mg/m^3$） | 一氧化碳（$mg/m^3$） |
|---|---|---|---|---|
| 成乳牛舍 | 0.25 | 20 | 10 | 20 |
| 犊牛舍 | 0.15～0.25 | 10～15 | 5～10 | 5～15 |
| 育肥幼牛舍 | 0.25 | 20 | 10 | 20 |

表 3-30 羊舍空气中有害气体标准含量（$mg/m^3$）

| 项目 | 羊舍 | | 场区 | 缓冲区 |
|---|---|---|---|---|
| | 羔羊 | 成年羊 | | |
| 氨气（$NH_3$） | 12 | ≤18 | ≤5 | ≤2 |
| 硫化氢（$H_2S$） | ≤4 | ≤7 | ≤2 | ≤1 |
| 二氧化碳（$CO_2$） | ≤1 200 | ≤1 500 | ≤700 | ≤400 |
| 可吸入颗粒物（$PM_{10}$） | ≤1.8 | ≤2 | ≤1 | ≤0.5 |
| 总悬浮颗粒物（TSP） | ≤8 | ≤10 | ≤2 | ≤1 |
| 恶臭 | ≤50 | ≤50 | ≤30 | ≤10～20 |
| 细菌总数（个/$m^3$） | ≤20 000 | ≤20 000 | | |

注：引自《种羊场舍区、场区、缓冲区环境质量地方标准》（DB11T 428—2007）。

## （三）畜禽舍内有害气体调控措施

畜禽舍空气中的有害气体对畜禽的影响是长期的，即使有害气体浓度很低，也会使畜禽体质变弱，生产力下降。因此，控制畜禽舍空气中有害气体的含量，防止舍内空气质量恶化，对保持畜禽健康和生产力有重要意义。

**1. 科学规划，合理设计** 养殖场场址选择和建场过程中，要进行全面规划和合理布局，避免工厂排放物对养殖场环境的污染;合理设计养殖场和畜禽舍的排水系统、粪尿和污水处理设施及绿化等环境保护设施。

**2. 及时清除畜禽舍内的粪尿** 畜禽粪尿必须立即清除,防止在舍内积存和腐败分解。不论采用何种清粪方式,需排除迅速、彻底,防止滞留,并便于清扫,避免污染。

**3. 保持舍内干燥** 潮湿的畜禽舍、墙壁和其他物体表面可以吸附大量的氨和硫化氢,当舍温上升或潮湿物体表面逐渐干燥时,氨和硫化氢会挥发出来。因此,在冬季应加强畜禽舍保温和防潮管理,避免舍温下降,导致水汽在墙壁、天棚上凝结。

**4. 合理通风换气** 将有害气体及时排出舍外,是预防畜禽舍空气污染的重要措施。

**5. 使用垫料或吸收剂** 各种垫料吸收有害气体的能力不同,麦秸、稻草、树叶较好。肉鸡育雏使用磷酸、磷酸钙、硅酸等吸收剂吸附有害气体。

### 三、畜禽舍空气中噪声调控

声音是一个可利用的物理因素,它不仅在行为学上是畜禽传递信息的生态因子,而且对生产也会带来一定的利益。如在奶牛挤奶时播放轻音乐有增加产奶量的作用;用轻音乐刺激猪,有改善单调环境而防止咬尾癖的效果,有刺激母猪发情的作用;轻音乐能使产蛋鸡安静,有延长产蛋周期的作用。但是,随着畜牧机械化程度的提高和养殖规模的扩大,噪声的来源越来越多,强度也越来越大,已严重影响畜禽的健康和生产性能,必须引起高度重视。

噪声是一种有害声波,大小用分贝(dB)来表示。从生理学角度来讲,凡是使畜禽讨厌、烦躁,影响畜禽正常生理机能,导致生产性能下降,危害健康的声音均称为噪声。

#### (一)噪声的来源

**1. 外界传入** 如飞机、汽车、火车、拖拉机、雷鸣等。

**2. 舍内机械产生** 如风机、真空泵、除粪机、喂料机等。

**3. 畜禽自身产生** 如鸣叫、采食、走动、争斗等。

#### (二)噪声的危害

噪声对畜禽机体健康的危害可概括为听觉系统损伤(特异性的)和听觉外影响(非特异性的)两个方面,其危害程度与噪声的强度、暴露时间和方式及频谱特性密切相关。噪声会使畜禽内脏器官多功能失调和紊乱,惊恐不安,增重减少,生产力下降,发病多,甚至死亡。研究表明,110~115dB的噪声使奶牛产奶量下降10%,个别甚至达30%,同时会发生流产、早产等现象。

#### (三)噪声的标准和调控

我国《畜禽场环境质量标准》(NY/T 388—1999)规定,畜禽舍内最高允许量为雏禽舍60dB,成禽舍80dB,猪舍80dB,牛舍75dB。

为了减少噪声的发生和影响,在建场时应选好场址,尽量避免工矿企业、交通运输的干扰,场内的规划要合理,交通线不能太靠近畜禽舍。畜禽舍内进行机械化生产时,对设备的设计、选型和安装应尽量选用噪声最小的。畜禽舍周围种草种树可使外界噪声降低10dB以上。人在舍内的一切活动要轻,避免造成较大声响。

**技能训练**     **畜禽舍空气中有害气体的测定**

利用有害气体测定仪现场测定某畜禽舍有害气体含量,将相关信息填入表3-31(二氧化碳测定仪、硫化氢测定仪、氨气测定仪的使用方法见仪器说明）。

表 3-31　畜禽舍空气中有害气体的测定与评价

| 实训单位名称 | | | | 地　　点 | | | |
|---|---|---|---|---|---|---|---|
| 畜禽种类 | | | | 饲养头数 | | | |
| 畜禽舍类型 | | | | 记录时间 | | | |
| 测定仪器设备 | 二氧化碳测定仪、硫化氢测定仪、氨气测定仪 | | | | | | |
| 项　目 | 畜床 | 畜体高 | 墙内面 | 墙角 | 平均值 | 国家标准 | 相差 |
| 舍内二氧化碳测定 | | | | | | | |
| 舍内硫化氢测定 | | | | | | | |
| 舍内氨气测定 | | | | | | | |
| 综合评定 | 评价依据：<br><br>评价结论：<br><br>测定评价人：_____　　日期：_____ | | | | | | |
| 教师评价 | （根据表中内容的准确性和学生学习态度、团队配合能力、社会观察能力和实践能力综合评定。）<br><br>教师姓名：_____　　日期：_____ | | | | | | |

## 任务评价

### 一、判断并改错

1. 各种类型畜禽舍内都存在有害气体，但封闭舍内含量更高。（　　）
2. 二氧化碳是空气组成成分，通风良好的畜禽舍内二氧化碳对畜禽无害。（　　）
3. 畜禽舍内有害气体产生的主要原因是有机物分解。（　　）
4. 畜禽舍内常见的对畜禽有较大危害的有害气体是氨。（　　）
5. 畜禽舍内微生物含量远远超过大气，但对畜禽有直接危害的较少。（　　）
6. 饲养管理不善，通风换气不良，是畜禽舍有害气体浓度升高的根本原因。（　　）
7. 通风良好的畜禽舍内没有一氧化碳。（　　）
8. 畜禽舍内的微生物绝大部分能被进入舍内的紫外线杀灭。（　　）
9. 氨气极易溶于水，故畜禽舍内越潮湿越不利于氨气的控制。（　　）
10. 畜禽舍内噪声过大会使奶牛产奶量下降。（　　）

### 二、多项选择题

1. 造成畜禽舍内氨浓度升高的原因有（　　）。
　　A. 通风不良　B. 不及时清除粪尿　C. 畜禽舍潮湿　D. 气温低　E. 饲料残渣分解

2. 畜禽舍内硫化氢升高的原因有（　　）。
   A. 不及时清除粪尿　　B. 通风不良　　C. 破蛋增多　　D. 饲料蛋白质过高
3. 对噪声敏感的畜禽有（　　）。
   A. 蛋鸡　　B. 肥猪　　C. 奶牛　　D. 雏鸡　　E. 妊娠母猪

## 三、单项选择题

1. 鸡对氨敏感，成年鸡舍内氨气的含量不宜超过（　　）$mg/m^3$。
   A. 8　　　B. 10　　　C. 12　　　D. 6.6
2. 畜禽舍内硫化氢的最大允许量为（　　）$mg/m^3$。
   A. 8　　　B. 10　　　C. 26　　　D. 20
3. 纳氏试剂比色法是根据氨与纳氏试剂作用生成（　　）化合物颜色的深浅比色定量。
   A. 红色　　B. 黄色　　C. 蓝色　　D. 银色
4. 当畜禽舍内有硫化氢时，能使醋酸铅浸润试纸变为（　　）。
   A. 红色　　B. 黑色　　C. 蓝色　　D. 橙色
5. 测定硫化氢含量时，需用硫代硫酸钠滴定（　　）。
   A. 纳氏试剂　　B. 草酸溶液　　C. 碘液　　D. 氢氧化钡溶液

## 四、简答题

1. 简述畜禽舍内氨气、硫化氢、一氧化碳、二氧化碳气体的来源与危害。
2. 简述畜禽舍内氨气、硫化氢、一氧化碳、二氧化碳的卫生标准。
3. 控制畜禽舍内有毒有害气体的措施有哪些？

# 项目四　养殖场环境管理与污染控制

**知识目标**　了解养殖场饲料、饮水污染与控制；认识养殖场恶臭、蚊蝇、鼠害的影响与控制；掌握养殖场废弃物处理和利用方法及其环境消毒与防疫措施。

**技能目标**　能对养殖场环境进行科学消毒和环境调查与评价。

**学习任务**

## 任务1　饲料污染与控制

### 知识信息

#### 一、含有毒有害成分的饲料

**（一）含硝酸盐和亚硝酸盐的饲料**

**1. 含硝酸盐的饲料**　蔬菜类饲料、天然牧草、栽培牧草、树叶类和水生饲料类等均含有不同程度的硝酸盐，其中以蔬菜类饲料含量较高，如白菜、小白菜、萝卜叶、苋菜、莴苣叶、甘蓝、甜菜茎叶和南瓜叶等。通常，新鲜青饲料中富含硝酸盐，不含亚硝酸盐或含量甚微。但在氮肥施用过多，干旱后降雨或菜叶黄花后，其含量显著增加；少数植物由于亚硝酸盐还原酶的活性较低，也可能使亚硝酸盐的含量增高。

**2. 硝酸盐和亚硝酸盐对畜禽的危害**

（1）亚硝酸盐中毒引起高铁血红蛋白症。硝酸盐在一定条件下转化为亚硝酸盐，由亚硝酸盐引起高铁血红蛋白症。

饲料中硝酸盐转化成亚硝酸盐的途径为：一是体外形成，常见于青饲料长期堆放而发热、腐烂、蒸煮不透或煮后焖在锅内放置很久时，会出现硝酸盐大量还原为亚硝酸盐；二是体内形成，反刍动物能将硝酸盐还原成亚硝酸盐，再进一步还原成氨而被吸收利用。但反刍动物大量采食了含硝酸盐高的青饲料或瘤胃的还原能力下降时，即使是新鲜青饲料也较容易发生亚硝酸盐中毒。猪最容易发生亚硝酸盐中毒。

（2）形成致癌物亚硝胺。亚硝胺具有很强的致癌作用，尤其是二甲基亚硝胺。当饲料中同时有胺类或酰胺与硝酸盐、亚硝酸盐时，就有可能形成亚硝胺，亚硝胺既可在体外形成，也可在体内合成。

硝酸盐还可降低动物对碘的摄取，从而影响甲状腺机能，引起甲状腺肿；饲料中硝酸盐或亚硝酸盐含量高，会破坏胡萝卜素，干扰维生素食物利用，引起母畜受胎率降低和流产。

**3. 预防措施**

（1）合理施用氮肥，以减少植物中硝酸盐的蓄积。

（2）注意饲料调制、饲喂方法及保存方法。菜叶类青饲料宜新鲜生喂，如要熟食需用急火快煮，现煮现喂。青饲料要有计划地采摘供应，不要大量长期堆放。如需短时间贮放，应薄层摊开，放在通风良好处经常翻动。也可青贮发酵。青饲料如果腐烂变质严禁饲喂。

（3）饲喂硝酸盐含量高的饲料时，可适量搭配含糖类高的饲料，以促进瘤胃的还原能力；在饲料中添加维生素A，可以减弱硝酸盐的毒性。

## （二）含氰苷的饲料

**1. 含氰苷的饲料种类**　含氰苷的植物很多，常见含氰苷的饲料主要有：生长期的玉米、高粱（尤其是高粱幼苗及再生苗）、苏丹草（幼嫩的苏丹草及再生草含量高）、木薯、亚麻籽饼、箭舌豌豆等。

**2. 氰苷对畜禽的危害**　畜禽采食含氰苷的饲料，易引起氢氰酸中毒。通常氰苷对机体无害，但氰苷进入畜禽机体后，在胃液盐酸和氰苷酶的作用下，水解产生游离的氢氰酸，引起畜禽机体缺氧。表现为中枢神经系统机能障碍，出现先兴奋后抑制，呼吸中枢及血管运动中枢麻痹。一般单胃动物出现中毒症状比反刍动物慢，中毒病程很短，严重时来不及治疗。

**3. 预防氢氰酸中毒的措施**

（1）合理利用含氰苷的饲料。玉米幼苗、高粱幼苗及再生苗、苏丹草幼苗等做饲料时，必须刈割后稍微晾干，使形成的氢氰酸挥发后再饲用。

（2）减毒处理。木薯应去皮，用水浸泡，煮制时应将锅盖打开，然后去汤汁，再用水浸泡；亚麻籽饼应打碎，用水浸泡后，再加入食醋，敞开锅盖煮熟等；用箭舌豌豆籽实做饲料，可炒熟或用水浸泡，换水一次。

（3）严格控制饲喂量，与其他饲草饲料搭配饲喂。

（4）选用氰苷含量低的品种。

## （三）菜籽饼（粕）中的有毒物质

菜籽是油菜、甘蓝、芥菜、萝卜等十字花科芸薹属作物的种子。菜籽榨油后的副产品为菜籽饼（粕），菜籽饼（粕）中含粗蛋白质为28%～32%，尤其以蛋氨酸含量较多。因此，常用作蛋白质饲料。

**1. 菜籽饼（粕）中有毒物质及其危害**　菜籽饼（粕）中含有芥子苷，在榨油过程中，菜籽磨碎，细胞破坏时使芥子苷与同时存在着的芥子酶接触，在温度、湿度和pH适宜的条件下，由于芥子酶的催化作用，使芥子苷水解生成有毒的异硫氰酸酯类（芥子油）和噁唑烷硫酮等有毒物质。芥子油有辛辣味、具挥发性和脂溶性，对皮肤和黏膜有强烈的刺激作用，可引起胃肠炎、肾炎及支气管炎。噁唑烷硫酮是致甲状腺肿物质，阻碍甲状腺素的合成，引起垂体前叶促甲状腺素的分泌增加，因而导致甲状腺肿大。

芥子油长期作用也可引起甲状腺肿大，但比噁唑烷硫酮作用弱。菜籽饼中还含有1.0%～1.5%的芥子碱、1.5%～5.0%的单宁等，有苦涩味，影响畜禽的适口性。

**2. 菜籽饼（粕）的去毒方法**

（1）加热处理法。利用蒸煮加热方法，让芥子酶失去活性，使芥子苷不能水解，并使已形成的芥子油挥发（噁唑烷硫酮仍然保留）。但在畜禽机体内或其他饲料中的芥子酶或微生物作用下，仍然可分解产生有毒成分。而且加热会使蛋白质的生物学价值降低，故加热不宜过久。

(2) 水浸泡法。芥子苷是水溶性的。用冷水或温水（40℃左右）浸泡2～4d，每天换水一次，可除去部分芥子苷，但养分流失过多。

(3) 氨或碱处理法。每100份菜籽饼（粕）用浓氨水（含氨28%）4.7～5.0份或纯碱粉3.5份，用水稀释后，均匀喷洒到饼（粕）中，覆盖堆放3～5h，然后置蒸笼中蒸40～50min，即可喂用，也可在阳光下晒干或炒干后贮备使用。

(4) 坑埋法。据青海省报道，选择向阳、干燥、地势较高的地方，挖一个宽0.8m、深0.7～1.0m、长度按埋菜籽饼（粕）数量来决定的长方形坑，将菜籽饼粉碎后按1:1加水浸软后装入坑内，顶部和底部都铺一层草，在顶部覆土20cm以上，2个月后即可取出饲用。此法对芥子油去毒较好，噁唑烷硫酮也有所减少。

(5) 培育低毒油菜新品种。培育低毒油菜新品种是解决去毒问题的根本办法。目前，我国在引进和选育低毒油菜品种方面做出了积极的努力，并已取得成效。

### 3. 菜籽饼（粕）的合理利用

(1) 去毒处理，限量饲喂。菜籽饼中的芥子油含量高达0.3%，噁唑烷硫酮高达0.6%时，应去毒后再做猪、鸡饲料。经去毒处理的菜籽饼，其用量以不超过日粮的20%为宜；若去毒效果不佳，则应不超过10%。

(2) 与其他饼（粕）饲料搭配饲喂。菜籽饼（粕）中的有毒物质对单胃动物的影响比反刍动物大，菜籽饼（粕）的用量应逐渐增加，最好与其他饼类或动物性蛋白饲料配合饲喂。

我国《饲料卫生标准》（GB 13078—2001）中规定，菜籽饼（粕）中异硫氰酸酯（以丙烯基异硫氰酸酯计）≤4 000mg/kg；鸡配合饲料和生长育肥猪配合饲料≤500mg/kg；肉用仔鸡、生长鸡配合饲料中的噁唑烷硫酮≤1 000mg/kg，产蛋鸡配合饲料≤500mg/kg。

## （四）棉籽饼（粕）中的有毒物质

### 1. 棉籽饼（粕）中的有毒物质及其毒性

(1) 棉酚。棉籽饼（粕）中有游离棉酚和结合棉酚，其中游离棉酚有毒，而结合棉酚无毒，所以棉酚的毒性强弱主要取决于游离棉酚的含量。机器榨油因压力较大，温度较高，游离棉酚含量较少。农村土榨，因压力小、温度低，榨出的棉籽饼（粕）中游离棉酚含量较高。游离棉酚对神经、血管及实质脏器细胞产生慢性毒害作用，进入消化道后可引起胃肠炎，棉酚积累在神经细胞中，使神经机能紊乱。游离棉酚能影响雄性畜禽的繁殖性能及禽蛋产品，使蛋黄变成黄绿色或红褐色。

(2) 环丙烯类脂肪酸。棉籽饼（粕）中环丙烯类脂肪酸主要引起母畜的卵巢和输卵管萎缩，产蛋率降低，影响蛋的质量；当蛋贮存时，会使蛋黄黏稠变硬，加热后形成"海绵蛋"，蛋清变为桃红色，有人称"桃红蛋"。

### 2. 棉籽饼（粕）的去毒方法

(1) 加热处理。加热处理就是利用较高温度加速棉籽饼（粕）中的蛋白质与游离棉酚相结合形成无毒的结合棉酚，可去毒75%～80%。一是煮沸法，将棉籽饼（粕）加水煮沸1～2h，若能加入15%～20%的大麦粉或小麦麸一同煮，去毒效果更好；二是蒸汽法，将棉籽饼（粕）加水湿润，用蒸汽蒸1h左右；三是干热法，将棉籽饼（粕）置于锅中，经80～85℃炒2h，或100℃下炒30min。

(2) 添加铁剂。铁制剂与游离棉酚结合形成不能被畜禽吸收的复合物而随粪便排出，从而减少了对机体的危害。硫酸亚铁（$FeSO_4 \cdot 7H_2O$）是常用的棉酚去毒剂，将粉碎过筛的硫酸亚铁粉末按游离棉酚含量的5倍均匀拌入棉籽饼（粕）中，再按1kg饼（粕）加水2～3kg，浸泡4h后直接饲喂。

**3. 棉籽饼（粕）的合理利用**

（1）控制喂量，间歇饲喂。对于肉用畜禽，由于机榨棉籽饼中含毒较少，无论是否经过去毒，均可按日粮的20%喂给。土榨饼必须经过去毒，而且喂量不可超过日粮的20%。连续饲喂2～3个月，停喂2～3周后再喂。

（2）对于种用畜禽，饲喂棉籽饼应慎重，喂量比例要小，去毒效果要好。最好不用棉籽饼饲喂种公猪。

（3）饲喂时应合理搭配其他蛋白质饲料，如添加少量鱼粉、血粉或赖氨酸添加剂，搭配适量的青绿饲料进行饲喂。

我国《饲料卫生标准》（GB 13078—2001）规定，棉籽饼（粕）游离棉酚≤1 200mg/kg，产蛋鸡配合饲料≤20mg/kg，肉仔鸡、生长鸡配合饲料≤100mg/kg，生长育肥猪配合饲料≤60mg/kg。

**（五）含有感光过敏物质的饲料**

有些饲料，如荞麦、苜蓿、三叶草、灰菜、野苋菜等，均含有感光物质。畜禽采食这些饲料后，感光物质经血液到达皮肤引起感光过敏症，在皮肤上出现红斑性肿块，也可引起中枢神经系统和消化机能的障碍，严重时可导致死亡。常见于绵羊和白毛猪，在白色皮肤、无毛或少毛部位症状最明显。因此，含光敏物质的饲料应少喂或不喂，若要饲喂应与其他饲料搭配饲喂，并在饲喂后防止晒太阳，或在阴天、冬季舍饲时饲喂。

**（六）其他饲料**

**1. 马铃薯** 马铃薯的块茎、茎叶及花中含有的毒素称为龙葵素（马铃薯素或茄碱）。在成熟的薯块中含量不高，但当发芽或被阳光晒绿的马铃薯中龙葵素含量明显增加，可达0.5%～0.7%，而含量达0.2%即可中毒，中毒轻者表现为胃炎，重者以神经症状为主，甚至导致死亡。因此，应保管好薯块，避免阳光直射和发芽。饲喂时发芽和变绿的部分要削除，然后用水浸泡，弃去残水，再煮熟，如能加些醋效果更好。马铃薯茎叶要晒干或开水浸泡后方可用作饲料；也可与其他青饲料混合青贮后再饲喂，但饲喂量不宜过大。不能饲喂妊娠母畜，以防流产。

**2. 蓖麻籽饼及蓖麻叶** 蓖麻茎叶和种子中含有蓖麻毒素和蓖麻碱两种有毒成分。蓖麻毒素毒性最强，多存在于蓖麻籽实中。马和骡极为敏感，反刍动物抵抗力较强。蓖麻毒素对消化道、肝、肾、呼吸中枢均可造成危害，严重者可导致死亡。蓖麻籽饼做饲料时，经煮沸2h或加压蒸汽处理30～60min去毒后再利用。也可捣碎加适量水，封缸发酵4～5d后饲喂。蓖麻叶不可鲜喂，经加热封缸发酵处理后再利用，饲喂时由少到多逐渐加量，用量控制在日粮的10%～20%。

## 二、霉菌毒素对饲料的污染

霉菌种类繁多、在自然界分布极广，以寄生或腐生的方式生存。在高温、高湿、阴暗、不通风的环境下可大量繁殖。大多数霉菌对畜禽无害，但其大量繁殖常常引起饲料霉烂变质。但少数霉菌污染饲料后，在其适宜的条件下会产生毒素，引起畜禽的急、慢性中毒，甚至造成"三致"作用，严重危害畜禽健康。霉菌中毒有一定的地区性和季节性，但霉菌中毒没有传染性和免疫性。摄入霉菌毒素的量不致引起急性或亚急性中毒时，无明显的早期症状，但长期摄入可导致动物慢性中毒。霉菌毒素的中毒可分为肝毒、肾毒、神经毒、造血组织毒等。常见的霉菌毒素主要有黄曲霉毒素和赤霉菌毒素。

### （一）黄曲霉毒素

**1. 黄曲霉毒素的种类及危害**　黄曲霉毒素属于肝毒性毒素，是由黄曲霉和寄生曲霉中的产毒菌株所产生。自然界中黄曲霉的存在较为普遍，适于在花生、玉米上生长繁殖，也可在大麦、小麦、薯干、稻米等上面生长繁殖。最适宜繁殖的温度为30~38℃，相对湿度为80%~85%或以上。而产生黄曲霉毒素最适宜的条件是基质水分在16%以上，温度在23~32℃，相对湿度在85%以上。黄曲霉毒素分为B类和G类两种。其中$B_1$的毒性最强，因此，饲料、食品检测时，均以黄曲霉毒素$B_1$为指标。

黄曲霉产生的黄曲霉毒素能引起肝脏损害，也能严重破坏血管的通透性和毒害神经中枢，引起急性中毒。如果长期少量摄入可引起慢性中毒，并能诱发肝癌，还可引起胆管细胞癌、胃腺癌、肠癌等。

我国《饲料卫生标准》（GB 13078—2001）规定，黄曲霉毒素$B_1$在畜禽配合饲料及浓缩料中的允许量：肉用仔鸡、仔鸭前期与雏鸡、雏鸭、仔猪≤10μg/kg，肉用仔鸡后期与生长鸡、产蛋鸡、鹌鹑、生长育肥猪、种猪≤20μg/kg，肉用仔鸭后期、生长鸭、产蛋鸭≤15μg/kg，奶牛精料补充料≤10μg/kg，肉牛精料补充料≤50μg/kg。

**2. 黄曲霉毒素的预防措施**

（1）防霉主要是指饲料和粮食的防霉，其具体方法有：

①控制水分。饲料及粮食作物收获、运输、贮存的过程中都要注意通风干燥，控制水分。一般谷物的含水量在13%以下，玉米在12.5%以下，花生仁在8%以下，霉菌不易生长和繁殖。

②化学防霉。通常使用熏蒸剂熏蒸或在饲料中添加防霉剂。常用的熏蒸剂有氯化苦、磷化氢、环氧乙烷、溴甲烷等。防霉剂有丙酸及丙酸盐、乙酸及乙酸盐和苯甲酸及其钠盐。

③控制温度。饲料或粮食作物低温贮存，可有效防霉。

④控制粮堆气体成分，进行缺氧防霉。

（2）去霉常指发霉较轻的玉米等饲料需去霉处理后方可饲喂畜禽。若发霉严重的则不可饲喂畜禽。去霉常用的方法有：

①拣除霉粒。霉变轻微者，可将霉粒拣除后再利用。

②水洗。将霉玉米等饲料先用清水淘洗，然后磨碎，加入3~4倍清水搅拌，静置，浸泡12h，除去浸泡液，再倒入同量清水，反复进行，每天换水2次，直至浸泡水变为无色为止。

③石灰水加热去毒法。将玉米用石灰水煮沸1h，再滤去石灰水，然后将玉米磨碎、烤熟。

### （二）赤霉菌毒素

赤霉菌毒素主要侵染小麦、大麦和玉米，也可侵染稻谷、甘薯、蚕豆、甜菜等。赤霉菌繁殖的适宜温度为16~24℃，相对湿度为85%。

**1. 赤霉菌毒素的种类及危害**　赤霉菌毒素主要是赤霉烯酮和赤霉病麦毒素两种。赤霉烯酮可引起猪急性中毒，表现为阴户肿胀、乳腺增大、乳头潮红、妊娠母猪流产，严重的还可出现直肠和阴道脱垂、子宫增大增重甚至扭曲和卵巢萎缩。亚急性中毒时，表现为猪不育或产子减少；仔猪体弱或产后死亡，生存的雄性仔猪具有睾丸萎缩、乳房增大等雌性症状。赤霉病麦毒素能使猪食后呕吐、马呈现醉酒状神经症状。

**2. 防治措施**

（1）防霉。赤霉菌以田间浸染为主，故应着重田间防霉，如选育抗病品种、开沟排渍、降低湿度、花期喷杀菌剂等；收割时应快收，及时脱粒和晒干，保存于通风干燥的场所；病麦与好麦分开，单收、单打、单保存。

（2）去毒。对已收获的赤霉病麦，进行去毒和减毒处理后可用作饲料。常用的方法是水浸泡和去皮法。

### 三、农药对饲料的污染

农业生产过程中，为了促进农作物的增产，防治作物的病虫害，农药的使用越来越广泛。在农药施用时，一部分直接喷洒于植物体表面被吸附或吸收，另一部分落入土壤中被作物根部吸收，残留在作物表面和内部的农药，在阳光、雨水、气温等外界环境条件的影响下，大部分被挥发、分解、流失、吹落而离开植物体。但到收获时，植物体内仍有微量的农药及其有毒的代谢物。此外，由于农药施用不当或任意加大用量和浓度，被植物吸收后，污染或大量留存于植物中。这些植物作为饲料被畜禽采食后，在畜禽体内积累而形成毒害。有些农药由于保存、运输或施用不当直接进入畜体，产生毒害作用。

**1. 饲料中农药残留的危害**

（1）有机氯杀虫剂。有机氯农药化学性质稳定，在自然条件下不易分解、残留期长。主要损害中枢神经系统的运动中枢、小脑、肝脏和肾脏。

（2）有机磷杀虫剂。有机磷农药是人工合成的磷酸酯类化合物，具有强大的杀虫力，对人畜的毒害也很大。但性质不稳定，残留期短、残留量低，在生物体内较易分解和解毒。常用的有对硫磷、内吸磷、甲拌磷、乐果、敌敌畏及敌百虫等，一般经呼吸道、消化道和皮肤黏膜吸收而引起中毒。其毒害主要是引起神经传导功能的紊乱，出现瞳孔缩小、流涎、抽搐，最后因呼吸衰竭而死亡。

（3）氨基甲酸酯类杀虫剂。氨基甲酸酯类杀虫剂是一类杀虫范围广、防治效果好的农药。西维因、速灭威、呋喃丹等都属于这类药剂，其性质不稳定、易分解，对人畜毒害小，无蓄积作用。其中毒时间较短，恢复较快。目前发现有些品种的氨基甲酸酯类杀虫剂能产生抗药性，对高等动物也产生致畸、致癌等病变。

（4）熏蒸剂。熏蒸剂是利用有毒的气体、液体或固体挥发所产生的蒸汽毒杀灭害虫或病菌。常用的熏蒸剂有氯化苦、溴甲烷、磷化铝等，主要用于粮食熏蒸。其毒性大，但容易挥发散失。

**2. 防止农药污染的措施**

（1）禁用和限制使用部分剧毒和不易分解的农药，尽量选择高效低毒的农药。

（2）制定农药残留极限，绝大多数农药，都允许有限度的残留。低于这个残留值，即使长期食用，仍可保证食用者健康。

（3）制定农药的安全间隔期。安全间隔期是指最后一次施药到作物收割时残留量达到允许范围的最少间隔天数。大多数有机磷农药安全间隔期为2周，其中高效低毒、残留期短的农药，如马拉硫磷、敌敌畏，安全间隔期为7~10d；高效低毒、残留期长的农药，如乐果为10~14d；高效高毒、残留期短的农药，如对硫磷为15~30d；高效高毒、残留期长的农药,如内吸磷为45~90d。

(4) 控制施药量、浓度、次数和采用合理的施药方法。农药的残留与农药的性质、剂量、施药量、浓度、施药次数和施药方法有关。残留量随施药量、浓度和施药次数的增加而增加。乳剂的黏着性和渗透性较大,所以,残留量较多,残留期也较长;可湿性粉剂次之;粉剂最少。接近作物收获期时应停止施药。

(5) 严格执行饲料中农药残留标准。我国《饲料卫生标准》(GB 13078—2001)规定:米糠、小麦粉、大豆饼(粕)、鱼粉中的六六六允许含量≤0.05mg/kg;肉仔鸡、生长鸡、产蛋鸡配合饲料允许含量≤0.3mg/kg,生长育肥猪配合饲料允许含量≤0.4mg/kg。米糠、小麦粉、大豆饼(粕)、鱼粉中的滴滴涕(DDT)的允许含量≤0.02mg/kg;鸡、猪配合饲料允许含量≤0.2 mg/kg。

### 四、重金属对饲料的污染

污染饲料的重金属元素主要是指镉(Cd)、铅(Pb)、汞(Hg)以及类金属砷(As)等生物毒性显著的元素。

**1. 饲料重金属元素的来源**　某些地区(如矿区)自然地质化学条件特殊,其地层中的重金属元素显著高于一般地区,从而使饲用植物中含有较高水平的重金属元素。据报道,我国台湾以及其他一些地区的地下水砷含量很高。由于采矿及冶炼污染防治措施不当,长期向环境中排放含有重金属元素的污染物。农业生产过程中的农田施肥、污水灌溉以及农药施用等如果管理不当,均可造成重金属直接污染农作物,或通过土壤积累,随之被作物吸收。在进行配合饲料生产时,为了改善饲料适口性、防霉、提高饲料质量等,往往添加一些酸性物质,这些酸性物质如果添加不合理会造成机器表面镀镉溶出,从而造成饲料的镉污染,严重时可导致畜禽急性中毒。另外一些畜禽专用驱虫剂或杀菌剂中含有镉。一些矿物添加剂如麦饭石、膨润土、沸石、海泡土以及饲用磷酸盐类和饲用碳酸盐类等在没有经过合理脱毒处理情况下,会造成饲料重金属元素含量超标。

**2. 饲料重金属污染的防治措施**

(1) 严控工业"三废"排放。加强工业环保治理,严格执行工业"三废"的排放标准。

(2) 加强农业生产管理。禁止含重金属有毒物质的化肥、农药的施入;进行土壤质地改良时,应严格控制污泥中重金属元素含量;禁止用重金属污染的水灌溉农作物。

(3) 减少重金属向植物中的迁移。对于可能受到重金属污染的土壤中施加石灰、碳酸钙、磷酸盐等改良剂,另外多施农家肥,有机物质可促进重金属元素的还原作用,以降低其活性,减少向植物中的迁移。

(4) 加强饲料生产管理。禁止使用含重金属的饲料加工机械、容器和包装材料。严格控制饲料中(配合饲料、添加剂预混料和饲料原料)有毒重金属的含量,加强饲料卫生监督检测工作。

## 任务评价

### 一、填空题

1. 含有毒有害成分的饲料有_____、_____、_____、_____、_____、_____。
2. 棉籽饼(粕)中环丙烯类脂肪酸会使蛋黄黏稠变硬,加热后形成_____,蛋清变为_____色,有人称"桃红蛋"。

3. 含氰苷的饲料有_____、_____、_____、_____、_____等。

4. 菜籽饼（粕）加工过程中产生的有毒物质是_____和_____。其中_____可引起胃肠炎、肾炎及支气管炎等,_____是致甲状腺肿大的物质。

5. 硝酸盐和亚硝酸盐含量最高的饲料是青饲料中的_____。

6. 常见的霉菌是指_____和_____。黄曲霉毒素主要由_____、_____产生,其中以_____毒性最强。

## 二、连线题

| 有毒成分 | 代表饲料 | 对畜禽的主要危害 |
|---|---|---|
| 游离棉酚 | 棉籽饼 | 致甲状腺肿 |
| 噁唑烷硫酮 | 焖制的青绿饲料 | 产蛋鸡输卵管萎缩 |
| 亚硝酸盐 | 幼嫩的高粱幼苗 | 血红蛋白失去运氧能力 |
| 氢氰酸 | 霉变的玉米 | 非反刍家畜神经毒素 |
| 环丙烯类脂肪酸 | 菜籽饼 | 中毒死亡 |
| 黄曲霉毒素 |  | 肝脏 |

## 三、简答题

1. 预防饲料亚硝酸盐中毒的措施有哪些?
2. 菜籽饼（粕）和棉籽饼（粕）的去毒方法有哪些?
3. 农药在饲料中残留的原因是什么?如何防止?
4. 如何正确施用农药?

# 任务2　饮水污染与控制

## 知识信息

### 一、养殖场常用水源的种类及特点

水源归纳起来可分为三大类：降水、地面水、地下水。

**1. 降水**　降水是天然的蒸馏水,质软、清洁。但在以雨、雪等形式降落的过程中吸收了空气中的各种杂质和可溶性气体而受到污染。降水不易收集,贮积困难,水量受季节影响大,除严重缺水地区外,一般不作为养殖场的水源。

**2. 地面水**　地面水包括江、河、湖、海和水库等,是由降水或地下水汇集而成。地面水一般来源广、水量足,其本身有较好的自净能力,是畜禽生产广泛使用的水源。其水质和水量易受自然条件影响,易受生活废水和工业污水的污染,但地面水取用方便,用前常进行人工净化和消毒处理。

**3. 地下水**　地下水是降水和地面水经过地层的渗滤贮积而成。由于经过地层的渗滤,水中所含的悬浮物、有机物及细菌等大部分被滤除,污染机会少,较清洁,水量稳定,是最好的水源。但地下水受地质化学成分的影响，含矿物质多，硬度大，有时含有某些毒性矿物质，引起地方病，使用前应进行检测。

## 二、水体污染与自净

### (一) 水体污染物的种类及危害

**1. 有机物污染** 主要来自生活污水、畜产污水以及造纸、食品工业废水等。由于分解有机物要消耗大量氧气，当水中的溶解氧消耗殆尽后，就会引起水生动植物大批死亡，形成大量有机物，这些有机物在缺氧环境下进行厌氧分解而产生腐败性物质，并释放出氨和硫化氢等难闻的气体，使水体变黑发臭，这种现象称为水体"富营养化"。水体富营养化不仅感官性状恶化，不适于饮用。同时有机物分解产生的废气还会污染养殖场场区和居民的空气，对人、畜机体健康产生不良影响。水体有机物还使水体中藻类等大量繁殖，水体溶解氧急剧减少，产生恶臭，威胁贝类、藻类的生存，造成鱼类大量死亡。在粪便、生活污水等废弃物中往往含有某些病原微生物及寄生虫卵，而水中大量有机物为各种微生物的生存和繁殖提供了有利条件。因此，当水体受到有机物污染时，除有机物本身所造成的污染外，还可能造成疾病的传播和流行。

**2. 微生物污染** 水源被病原微生物污染后，可引起某些传染病的传播与流行，如猪丹毒、猪瘟、副伤寒、马鼻疽、布鲁氏菌病、炭疽病和钩端螺旋体病等。水体被微生物污染的主要原因是病畜或带菌者的排泄物、尸体，和兽医院、医院的污水，以及屠宰场、制革厂和洗毛厂的废水。介水传染病的发生和流行，取决于水源污染的程度及病原菌在水中生存的时间等因素。由于天然水有自净作用，因此偶然的一次污染通常不会造成持久性的介水传染，但大量而经常性的污染则极易造成传染病的介水传染。

**3. 有毒物质污染** 未经处理的工业废水、大量使用的农药和化肥等可通过一定的途径使水源受到不同程度的污染。在多矿地区的底层中可能含有大量的砷、铅、氟等物质时，也可使水中此种有毒物质含量增高。污染水源的有毒物质很多，常见的有毒物质有铅、汞、砷、铬、锗、镍、铜、锌、氟、氰化物以及各种酸和碱等；有机毒物有酚类化合物、有机氟农药、有机磷农药、有机酸、石油等。

**4. 致癌物质污染** 某些化学物质如砷、铬、苯胺、镍及其他芳香烃等具有致癌作用。有的可在水体中悬浮，也可在基底污泥和水生生物体内蓄积，对人畜健康造成危害。

**5. 放射性物质污染** 天然水体中放射性物质含量极微，对机体无害，但当人为或事故造成放射性物质进入水体时，就可使水体中的放射性物质急剧增加，危害机体健康。

### (二) 水体的自净作用

水体受污染后，由于本身的物理、化学和生物学的多种因素的综合作用，逐渐消除污染的过程称为水的自净。水的自净作用，一般有以下几个方面。

**1. 混合稀释作用** 污染物进入水体后，逐渐与水混合稀释而降低其浓度。最后可稀释到难以检出或不足以引起毒害作用的程度。

**2. 沉降和逸散** 水中悬浮物因重力作用而逐渐下沉，相对密度越大，颗粒越大，水流越慢，沉降越快。附着于悬浮物上的细菌和寄生虫卵也随同悬浮物一起下沉。悬浮状态的污染物被水中的胶体颗粒、悬浮的固体颗粒、浮游生物等吸收，可发生吸附沉降。有些污染物，例如砷化物，易与水中的氧化铁、硫化物等结合而发生"共沉淀"。溶解性物质也可以被生物体所吸收，在生物死亡后随残体沉降。此外，污染水体的一些挥发性物质在阳光和水流动等因素的作用下可逸散而进入大气，如酚、金属汞、二甲基汞、硫化氢和氢氰酸等。

**3. 阳光照射** 日光中的紫外线具有杀菌作用，但由于紫外线的穿透力较弱，其杀菌作用有限，尤其是当水体较混浊时，其作用就更加有限。此外，阳光可提高水温，促进有机物的生化分解作用。

**4. 有机物的分解** 水中的有机物在微生物作用下，进行需氧或厌氧分解，最终使复杂有机物变为简单物质，称为生物性降解。此外，水中有机物也可通过水解、氧化和还原等反应进行化学性降解。当水中溶解氧充足时，有机物在需氧细菌作用下进行氧化分解，需氧分解进行得较快，使含有的氮、碳、硫和磷等化合物分解为二氧化碳、硝酸盐、硫酸盐和磷酸盐等无机物，这些最终产物无特殊臭气。当溶解氧不足时，则有机物在厌氧细菌作用下进行比较缓慢的厌氧分解，生成硫化氢、氨和甲烷等具有臭味的气体。从卫生观点来看，需氧分解比厌氧分解好，故应限制向水体中任意排污，保持水中常有足够的溶解氧，防止厌氧分解。

**5. 水栖生物的颉颃作用** 水栖生物种类繁多，在水中的生活能力和生长速度也不同，而且由于生存竞争彼此相互影响，进入水体的病原微生物常受非病原微生物的颉颃作用而易于死亡或发生变异。此外，水中多种原生生物能吞食很多细菌和寄生虫卵，如甲壳动物和轮虫，它们能吞食细菌、鞭毛虫以及碎屑。

**6. 生物学转化及生物富集** 某些污染物质进入水体后，可以通过微生物的作用使物质转化。随着物质的转化，使其毒性升高或降低，水体污染的危害性也同时加重或减弱。生物学转化中最突出的例子是无机汞的甲基化。此外，水体中的污染物被水生生物吸收后，可在体组织中浓集，又可通过食物链（浮游植物→浮游动物→贝、虾、小鱼→大鱼），逐渐提高生物组织内污染物的聚集量（提高几倍到几十万倍）。凡脂溶性、进入机体内又难以异化的物质，都有在体内浓集的倾向，如有机氯化合物、甲基汞和多环芳香烃等。

（三）水体自净的卫生学意义

通过水的自净过程，可使有机物转变为无机物，致病微生物死灭或发生变异，寄生虫卵减少或失去其生活力而死亡，毒物的浓度降低或对机体不发生危害。因此，在进行污水净化及水源卫生防护时，可充分利用水体的自净能力这一有利因素。但该能力有一定的限度，无限制地向水体中排污也会使这种能力丧失，必须执行污水排放相关规定，保护水源。

### 三、饮用水的净化与消毒

（一）水的净化

**1. 自然沉淀** 当水流减慢或静止时，密度大于水的悬浮物可借助本身重力作用逐渐下沉，称自然沉淀。一般在专门的沉淀池中进行，需要一定时间。

**2. 混凝沉淀** 向水中加入混凝剂，使水中极小的悬浮物及胶体微粒凝聚成絮状而加快沉降。常用的混凝剂有铝盐（明矾、硫酸铝等）和铁盐（硫酸亚铁、三氯化铁等）。它们与水中的重碳酸盐作用，形成带正电荷的氢氧化铝和氢氧化铁胶体，吸附水中带负电荷的微粒凝集而沉降。其效果与水温、pH、混浊度及不同的混凝剂有关。普通河水用明矾时，需40～60mg/L。

**3. 过滤** 使水通过一定的滤料以清除水中的悬浮物。常用的滤料是沙，故称为沙滤，也可用矿渣、煤渣、硅胶等。集中式给水一般采用沙滤池。根据滤料粒径、滤料层厚度和过滤速度的不同，可分为慢沙滤池和快沙滤池。分散式给水的过滤，可在河、湖或塘岸边挖渗滤井（图4-1），使水经地层的自然过滤而改善水质。如在水源和渗滤井之间挖一沙滤沟，或建造水边沙滤井，则能更好地改善水质（图 4-2）。此外也可采用沙滤缸或沙滤桶来过滤。

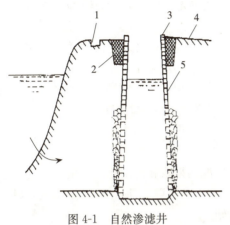

图 4-1　自然渗滤井
1. 排水沟　2. 黏土　3. 井栏　4. 井台　5. 井筒

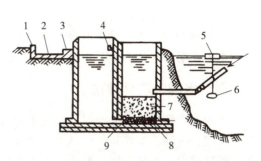

图 4-2　塘边沙滤井
1. 井台边栏　2. 井台　3. 踏步　4. 挂筒钩
5. 竹或木浮子　6. 坠石　7. 沙　8. 石子　9. 连通管

### （二）水的消毒

水经过混凝沉淀和过滤处理后，已除去异臭、异色、异味、杂质和部分病原菌，为了确保饮水安全，必须进行消毒处理以彻底消灭病原体。常用的消毒方法有物理消毒（如煮沸、紫外线、臭氧法、超声波法等）和化学消毒（如氯化消毒、高锰酸钾法等）两大类。目前主要采用氯化消毒法，其杀菌力强，设备简单，使用方便，费用低。

**1. 氯化消毒原理**　氯在水中水解为次氯酸，与水中细菌接触时易扩散进入其细胞膜，与细胞中的酶发生作用，使细菌糖代谢失调而死亡。

**2. 氯化消毒剂**　常用的氯化消毒剂有液态氯、漂白粉和漂白粉精等。液态氯主要用于集中式给水的加氯消毒，小型水厂和一般分散式给水多用漂白粉和漂白粉精。漂白粉的杀菌力取决于其有效氯含量，新制的漂白粉含有效氯 25%～35%，其性质不稳定，易失效，应密封、避光，于阴暗干燥处保存。漂白粉精含有效氯 60%～70%，性质稳定，多制成片剂使用。

**3. 氯化消毒方法**

（1）常量氯消毒法。即按常规加氯量（表 4-1）进行饮水消毒。如井水消毒时，计算井水的水量→加氯量→应加漂白粉量。称好的漂白粉置于碗中，加少量水调成糊状，再加水稀释，静置，取上清液倒入井中，30min 后取水样测定，余氯为 0.2～0.3mg/L 即可取用。由于井水随时被取用，应根据用水量大小而决定消毒次数，最好每天消毒两次（取水前）。

表 4-1　不同水源消毒的常规加氯量

| 水源种类 | 加氯量 (mg/L) | 水中加漂白粉量 (g/m³) | 水源种类 | 加氯量 (mg/L) | 水中加漂白粉量 (g/m³) |
|---|---|---|---|---|---|
| 深井水 | 0.5～1.0 | 2～4 | 湖、河水（清洁透明） | 1.5～2.0 | 6～8 |
| 浅井水 | 1.0～2.0 | 4～8 | 湖、河水（水质混浊） | 2.0～3.0 | 8～12 |
| 土坑水 | 3.0～4.0 | 12～16 | 塘水（环境较好） | 2.0～3.0 | 8～12 |
| 泉水 | 1.0～2.0 | 4～8 | 塘水（环境不好） | 3.0～4.5 | 12～18 |

（2）持续氯消毒法。在井或容器中放置装有漂白粉（精）的容器（塑料袋、竹筒、陶瓷

罐或广口瓶等），消毒剂通过容器上的小孔不断扩散到水中，使水经常保持一定的有效氯含量。加氯量可为常用量的20~30倍，一次放入，可持续消毒10~20d，但应经常检查水中余氯的含量，这样可减少每天对水源消毒的繁琐工作。

（3）过量氯消毒法　一次加入常量氯化消毒法的加氯量的10倍进行饮水消毒。主要用于新井或旧井修理和淘洗、井被洪水淹没或落入污染物、该地区发生介水传染病等情况。一般投入消毒剂10~12h后再取水。若水中氯味太大，则用汲出旧水不断涌入新水的方法，直至井水失去明显氯味为止，也可按1mg余氯加3.5mg的硫代硫酸钠脱氯后再用。

### 四、水的特殊处理法

在生产实践中，水处理时可根据水源水质的具体情况而采取相应的措施。混浊的地面水需要沉淀、过滤、消毒；较清洁的水消毒处理即可；水受到特殊有害物质（如含铁、氟过高，硬度过大，有异臭味）污染，需采取特殊处理措施。

**1. 除铁**　水中溶解性的铁盐常以重碳酸亚铁、硫酸亚铁、氯化亚铁等形式存在，用曝气法，使其生成不溶解的氢氧化铁；硫酸亚铁、氯化亚铁可加入石灰，生成氢氧化铁，经沉淀过滤去除。

**2. 除氟**　可在水中加入硫酸铝或碱式氯化铝（1L水中加入约0.5mg），经搅拌、沉淀而除氟。

**3. 软化**　水质硬度超过250~400mg/L时，可用石灰、碳酸钠、氢氧化钠等加入水中，使钙、镁等化合物沉淀而去除，也可采用电渗析法、离子交换法等。

**4. 除臭**　用活性炭粉末做滤料将水过滤除臭。或在水中加活性炭后混合沉淀，再经沙滤除臭。也可用大量的氯除臭。地面水中藻类繁殖发臭，可在原水中投入硫酸铜（1mg/L以下）灭藻。

## 技能训练　　水中"三氮"指标检验

### 一、实训目标

水中"三氮"指标的检验是畜牧兽医专业、畜牧专业学生必须掌握的基本技能。通过实训，要求学生能配制实训中所需的试剂，掌握水中"三氮"的检验方法，为今后从事水质检查与消毒工作打下基础。

### 二、仪器设备与试剂

**1. 氨氮标准溶液**　将分析纯氯化铵置于烘箱内，105℃烘烤1h，冷却后称取0.381 9g置于100mL容量瓶内，用无氨蒸馏水稀释至刻度。吸取1.0mL，再用无氨蒸馏水稀释至100mL。此溶液1.0mL相当于0.01mg氨氮。

**2. 酒石酸钾钠**（粉状）　化学纯。

**3. 纳氏试剂**　称取50g碘化钾，溶于50mL热的无氨蒸馏水中，向其中逐滴加入氯化汞饱和溶液（25g氯化汞溶于热的无氨蒸馏水中），直至生成的碘化汞红色沉淀不再溶解为止。再向其中加入氢氧化钾溶液（150g氢氧化钾溶于300mL无氨蒸馏水中），最后用无氨蒸馏水稀释至1L。再追加0.5mL氯化汞饱和溶液。盛于棕色瓶中，用橡皮塞塞紧，避光保存。静置后,使用其上层澄清液。

**4. 无氨蒸馏水** 每升蒸馏水中加入 2mL 化学纯浓硫酸和少量化学纯高锰酸钾,蒸馏,收集蒸馏液。

**5. 亚硝酸盐氮标准溶液** 称取干燥的分析纯亚硝酸钠 0.246 2g,溶于少量水中,倾入 1L 容量瓶内,加蒸馏水至刻度。临用时取此溶液 1.0mL,加蒸馏水稀释至 100mL。此溶液 1.00mL 相当于 0.000 5mg 亚硝酸盐氮。

**6. 格氏试剂** 称取酒石酸 8.9g,对氨基苯磺酸 1g,α-萘胺 0.1g,磨细混合均匀,保存于棕色瓶中。

**7. 无亚硝酸盐氮的蒸馏水** 取普通蒸馏水,加氢氧化钠呈碱性,蒸馏,收集蒸馏液。

**8. 浓硫酸** 密度为 1.84g/mL。

**9. 马钱子碱** 结晶。

### 三、原理

**1. 氨氮测定（简化钠氏比色法）** 水中氨与碘汞离子作用,生成黄棕色碘化氧汞铵络合物,其颜色深浅与氨氮量成正比。

**2. 亚硝酸盐氮测定（简化重氮化偶合比色法）** 水中亚硝酸盐与格氏试剂反应,生成玫瑰红色化合物,其颜色深浅与亚硝酸盐氮量成正比。

**3. 硝酸盐氮（马钱子碱比色法）** 在有浓硫酸的条件下,水样中硝酸盐与马钱子碱作用,产生黄色化合物（初显樱红色,冷却后转变为黄色）。黄色的深浅基本上和硝酸盐浓度成正比例关系。

### 四、操作方法

**1. 氨氮测定（简化钠氏比色法）**

（1）取水样 4mL 于小试管中。

（2）另取小试管 6 支,分别加入氨氮标准溶液 0、0.1、0.2、0.4、0.8、2.0mL,加无氨蒸馏水至刻度（4mL）。

（3）向各管加入酒石酸钾钠粉末 1 小匙（2～3 粒大米容积）,混匀使其充分溶解。

（4）向各管加入纳氏试剂 1～2 滴,混匀,放置 10min 后比色。

（5）确定水样中氨氮含量（表 4-2）,如现场测定无条件配制标准色列,可按表 4-2 中第 1 横行第 4、5 栏,观察从试管侧面和上面看的颜色,以概略定量符号表示。

表 4-2 氨氮测定比色列

| 管号 | 加标准液量（mL） | 氨氮含量（mg/L） | 从试管侧面看 | 从试管上面看 | 概略定量符号 |
| --- | --- | --- | --- | --- | --- |
| 0 | 0 | 0 | 无色 | 无色 | — |
| 1 | 0.1 | 0.25 | 无色 | 极弱黄色 | ± |
| 2 | 0.2 | 0.5 | 极弱黄色 | 浅黄色 | + |
| 3 | 0.4 | 1.0 | 浅黄色 | 明显黄色 | ++ |
| 4 | 0.8 | 2.0 | 明显黄色 | 棕黄色 | +++ |
| 5 | 2.0 | 5.0 | 棕黄色 | 棕黄色沉淀 | ++++ |

**2. 亚硝酸盐氮测定**（简化重氮化偶合比色法）

（1）取水样 4mL 于小试管中。

（2）另取小试管 6 支，分别加入亚硝酸盐氮标准溶液 0、0.05、0.16、0.8、2.4、4.0mL，加无亚硝酸盐氮的蒸馏水至刻度（4mL）。

（3）向各管加入格氏试剂一小匙，摇匀，使其溶解，放置 10min 后观察颜色。

（4）确定水样中亚硝酸盐氮含量（表 4-3），如现场测定无条件配置标准色列，可按表 4-3 中第 1 横行第 4、5 栏，观察从试管侧面和上面看的颜色，以概略定量符号表示。

表 4-3　亚硝酸盐氮测定比色列

| 管号 | 加标准液量（mg/L） | 亚硝酸盐氮含量（mg/L） | 从试管侧面看 | 从试管上面看 | 概略定量符号 |
| --- | --- | --- | --- | --- | --- |
| 0 | 0 | 0 | 无色 | 无色 | — |
| 1 | 0.05 | 0.006 | 无色 | 极弱玫瑰红色 | ± |
| 2 | 0.16 | 0.02 | 极弱玫瑰红色 | 浅玫瑰红色 | + |
| 3 | 0.80 | 0.1 | 浅玫瑰红色 | 深玫瑰红色 | ++ |
| 4 | 2.40 | 0.3 | 深玫瑰红色 | 深红色 | +++ |
| 5 | 4.0 | 0.5 | 深红色 | 极深红色 | ++++ |

**3. 硝酸盐氮**（马钱子碱比色法）

（1）取水样 2mL 小试管中。

（2）加入约 1.5mL 浓硫酸，混合，冷却。

（3）投入少量马钱子碱结晶，用力振荡。此时在水样中形成明显的红色，经过一些时间转变为黄色。

（4）确定硝酸盐氮概略含量（表 4-4）。

表 4-4　硝酸盐氮测定比色

| 从侧方观察时水样颜色 | 硝酸盐氮含量（mg/L） |
| --- | --- |
| 与蒸馏水比较时刚能识别出的淡黄色 | 0.5 |
| 刚能看见的淡黄色 | 1 |
| 很浅的淡黄色 | 3 |
| 浅淡黄色 | 5 |
| 淡黄色 | 10 |
| 浅黄色 | 25 |
| 黄色 | 50 |
| 深黄色 | 100 |

## 任务评价

### 一、填空题

1. 水的卫生指标包括_____、_____、_____、_____。

2. 水源种类有_____、_____和_____，最适合养殖场的水源是_____。
3. 水体污染物的种类有_____、_____、_____、_____、_____。
4. 饮用水的净化方法有_____、_____、_____。
5. 饮用水的消毒方法有_____、_____、_____。
6. 水中氨氮测定的方法是_____。

## 二、选择题

1. 选择水源，应优先考虑选取（    ）。
    A. 地下水　　　　B. 降水　　　　C. 地面水
2. 饮水过量氯消毒法，一般至少需要（    ）才能达到消毒效果。
    A. 10～15min　　B. 30～45min　　C. 10～12h　　D. 12～24h
3. 水中氨氮测定采用的方法是（    ）
    A. 马钱子碱比色法　　B. 简化纳氏试剂比色法　　C. 重氮化偶合比色法
4. 不属于水质感官性状指标的是（    ）
    A. 臭、味　　　　B. pH　　　　C. 混浊度　　　　D. 色
5. 应以畜禽（    ）考虑水源水量是否满足畜禽的需要。
    A. 一般用水量　　B. 最大用水量　　C. 最小用水量

## 三、简答题

1. 简述"三氮"及其在水体污染中的指导作用。
2. 何为水体的"富营养化"？简述其形成。
3. 简述测定水中"三氮"含量对判断水体污染的意义。

# >>> 任务3　恶臭、蚊蝇、鼠害污染与控制 <<<

## 知识信息

### 一、养殖场恶臭污染与控制

#### （一）养殖场恶臭的危害

养殖场臭气的产生，主要是糖类和含氮有机物的分解，在有氧条件下，这两类物质分别分解为二氧化碳、水和硝酸盐，不会有臭气产生。但这些物质在厌氧的条件下，可分解释放出带酸味、臭蛋味、鱼腥味、烂菜味等有刺激性的特殊气味。主要有氨和硫化物（硫化氢、甲基硫醇）、氮化物（氮、甲基胺）、脂肪族化合物（吲哚、丙烯醛、粪臭素）等。在养殖场发生的恶臭污染事件中，猪舍居各种养殖场之首。恶臭强度扩散范围与养殖场规模、生产管理方法、气温、风力等因素均有关，一般扩散范围在100～1 000m。

这些恶臭物质对畜禽有刺激性和毒性。高浓度的臭气可以在短时间内造成人畜中毒；在低浓度臭气的长期作用下，畜禽生产性能和对疾病抵抗力降低，发病率增高，严重者可以引起慢性中毒。

## （二）减少养殖场恶臭污染的措施

**1. 加强粪便管理，减少恶臭的产生和扩散**　畜禽粪便在贮存和处理过程中，会不同程度的产生臭气。因此，应及时处理粪便，减少粪便贮存时间；在贮粪场和污水池搭建遮雨棚，保持粪便干燥；在粪便表面覆盖草泥、锯末、稻草、塑料薄膜等，可以减少粪便分解产生的臭气挥发；在粪便中搅拌吸附性强的材料，如锯末、稻草等，可有效减少臭气的产生；在干燥粪便的过程中，可将臭气用风机抽出经专门管道输送到脱臭槽或使臭气通过浸湿的吸附性强的材料层脱臭；在粪便中加入适量的除臭剂，可有效减少臭气产生。

**2. 采取营养调控措施，提高饲料养分利用率**　畜禽粪便的臭气主要是饲料中未被消化吸收的营养物质在肠道或体外微生物分解形成的产物。粪便的臭气浓度大小与粪便中氮、磷、硫等元素的含量成正相关。因此，提高畜禽日粮营养物质的利用率和减少畜禽粪便中氮、磷、硫等元素的含量是减少畜禽粪便臭气含量的重要措施。减少畜禽粪便臭气产生的营养措施有：

（1）选择营养物质含量高，易消化的饲料配制日粮，可提高畜禽日粮养分的消化吸收率，减少臭气的产生。

（2）在满足畜禽生长发育、繁殖和生产需要的前提下，尽量减少日粮中富余蛋白质含量，以减少粪便含氮化合物数量和臭气产生量。以"理想蛋白质体系"代替粗蛋白质体系配制日粮，可减少粪尿氮的含量。适当降低日粮蛋白质含量和添加必需氨基酸，既不降低畜禽的生产力，又可降低粪便臭气的产生量。

（3）适当控制畜禽日粮粗纤维的含量。日粮粗纤维含量每增加1%，有机物消化率就降低1.5%，畜禽为满足营养需要，就必须要增加采食量和粪便排泄量。

（4）科学使用添加剂。活菌制剂中的微生物参与和改变粪便的分解途径，减少臭气产生。其他添加剂可提高日粮利用率，减少氮、磷、硫等元素的排泄量。

**3. 采用先进生产工艺和生产技术，减少恶臭气体产生**

（1）在选择生产工艺、养殖场选址与场地规划布局、畜禽舍设计、粪便处理和利用等环节上采取有效措施，可减少养殖场恶臭的数量和对养殖场空气的污染。

（2）在养殖场建设时，只有坚持主体工程和粪污处理工程同时设计、施工、投产，才能防止粪便随意堆积腐败产生大量恶臭气体。

（3）在选择生产工艺时，要尽量使用粪便与尿液、污水分离，产生恶臭少的生产工艺。如采用漏缝地板生产工艺时，采取人工清粪方式，尽量避免水冲粪或水泡粪，可减少臭气的产生。

（4）在选择场址时，避免在大中城市近郊建场，最好在粮食生产能力强的农区建设养殖场，这样既有利于畜禽粪尿就地消纳，同时也有利于粮食就地转化，促进了农牧生产的协调发展，减少了畜产公害的发生。

（5）在规划养殖场场地时，要按照常年主风向和地势合理布置各种类型建筑，一定要有粪便处理区和病畜隔离区。粪便处理区和病畜隔离区一定要设在全场的下风区。隔离区周围要采取密植种树绿化，以减少臭气的散发。

（6）进行场区绿化可以将臭气降低50%，有害气体减少25%；此外，绿化还可以降低风速，从而有效地控制恶臭的扩散。

## （三）控制恶臭的方法

**1. 物理除臭法**

（1）吸收法。吸收法是利用恶臭气体的物理和化学性质，使用水或化学吸收液对恶臭气体进行物理或化学吸收而脱臭的方法。即用适当的吸收液体使恶臭气体与其接触，并使这些有害成分溶于吸收液中，使气体得到净化。

（2）吸附法。吸附法就是气体被吸附在某种材料外表面的过程。常用的吸附材料是活性炭，其吸附的效果还取决于被吸附气体的性质。被吸附气体的溶解性高、易于转化成液体其吸附效果较好，如氨气、硫化氢和二氧化硫的吸附性较高。天然沸石是一种含水的碱金属或含碱土金属的铝硅酸盐矿物，可选择性地吸附肠胃中的细菌及氨气、硫化氢、二氧化硫和二氧化碳等有害物质。同时由于它有吸水作用，能降低畜禽舍内空气湿度和粪便的水分，可以减少氨气等有害气体的毒害作用。试验证明，若将沸石按每只鸡 5g 的比例混于垫料中，则舍内的氨气下降 37.04%，二氧化碳下降 20.19%。还可以选择与沸石结构相似的海泡石、膨润土、凹凸棒石、硅藻石等矿物质。

**2. 化学除臭法** 化学除臭剂可通过化学氧化作用、中和作用把有味的化合物转化成无味或气味较少的化合物。常用的化学氧化剂有高锰酸钾、重铬酸钾、硝酸钾、双氧水、次氯酸盐和臭氧等，以高锰酸钾的除臭效果相对较好。研究表明，在 1kg 牛粪水中添加 100～125mg 的双氧水可明显减少气味；在 1kg 的猪粪水中加入 500mg 双氧水，气味明显较少。常用的中和剂有石灰、甲酸、稀硫酸、过磷酸钙、硫酸亚铁等。

对于大流量、低浓度的挥发性有机废气和恶臭气体，使用物理和化学处理方法除臭投资大、操作复杂、运行成本高。

**3. 生物除臭法** 生物除臭法是利用微生物来分解、转化臭气成分以达到除臭的效果。一是将部分臭气由气态转变为液态；二是溶于水中的臭气通过微生物的细胞壁和细胞膜被微生物吸收，不溶于水的臭气先附着在微生物体外，由微生物分泌的细胞外酶分解为可溶性物质，再渗入细胞；三是臭气进入细胞后，在体内作为营养物质为微生物所分解利用。如利用微生物发酵床垫料养猪。

生物脱臭法具有处理效率高、无二次污染、所需设备简单、便于操作、费用低廉和管理维护方便等特点，已成为恶臭处理的发展方向。

## 二、养殖场蚊蝇污染与控制

蚊蝇对畜禽养殖场的最大危害是污染饲料、传播疾病、污染环境。防止养殖场虫害，可以采取以下措施：

**1. 环境灭虫** 保持环境清洁与干燥是防止蚊蝇的关键，清除滋生场池、土坑、水沟和洼地是永久性消灭蚊蝇滋生的有力措施。保持排水系统畅通，对贮水池等容器加盖，以防蚊蝇飞入产卵；对不能清除和加盖的防火贮水器，在蚊蝇滋生季节，应定期换水；排污管道要采用暗沟，粪水池也应尽可能加盖。

**2. 物理防治** 可以使用电灭蝇灯杀灭蚊蝇。

**3. 化学防治** 定期用化学药品（杀虫剂）杀灭畜禽舍、畜禽及周围环境的害虫，可以有效抑制害虫繁衍滋生。应优先选用低毒高效的杀虫剂，避免或尽量减少杀虫剂对畜禽健康和生态环境的不良影响。常用的杀虫剂有马拉硫磷、菊酯类杀虫剂、敌敌畏、昆虫激素等。

**4. 生物防治** 利用有害昆虫的天敌灭虫，如蛙类、蝙蝠、蜻蜓均为蚊蝇的天敌。另外，可以结合养殖场污水处理，利用池塘养鱼，鱼类能吞食水中蚊蝇的幼虫，具有防治蚊蝇滋生

## 三、养殖场鼠害及其控制

鼠是人畜多种传染病的传播介质，给人畜健康带来极大的危害。鼠还会盗食粮食，污染饲料和饮水，咬死咬伤雏禽，咬坏物品，破坏建筑物。必须采取相应的措施严加防治。

**1. 建筑防鼠** 建筑防鼠就是从建筑方面考虑，防止鼠类进入建筑物。墙基用水泥制作，用碎石和砖砌的墙基，应用灰浆抹缝。墙面应光滑平直，防止鼠类沿粗糙墙面攀爬。用砖、石铺设的地面和畜床，应衔接紧密并用水泥灰浆填缝，防止鼠类打洞，通气孔、地脚窗、排水沟、粪尿沟等的出口均应安装孔径小于1cm的铁丝网，以防鼠类进入舍内。

**2. 器械灭鼠** 器械灭鼠就是利用夹、压、关、卡、扣、翻、黏、淹、电等灭鼠器械灭鼠。这种方法简便、易行、可靠，对人畜及环境无害。近年来，研制的电灭鼠器和超声波驱鼠器已得到广泛应用。

**3. 中草药灭鼠** 中草药灭鼠具有就地取材、成本低、使用方便、不污染环境、对人畜安全等优点。但其适口性差，鼠不易采食，且有效成分低，灭鼠效果较差。可用于灭鼠的中草药有狼毒、天南星、山管兰等。

**4. 化学灭鼠** 化学灭鼠就是用化学药物来杀灭鼠类，具有效率高、使用方便、成本低、见效快等优点。其化学药品种类多，分为灭鼠剂、熏蒸剂、绝育剂等，但生产中不提倡使用。

**5. 生物灭鼠** 生物灭鼠就是利用鼠类的天敌进行灭鼠。

## 任务评价

### 一、填空题

1. 杀灭蚊蝇的方法有_____、_____、_____、_____。
2. 目前杀灭蚊蝇的化学药品有_____、_____、_____、_____。
3. 养殖场控制鼠害的方法有_____、_____、_____、_____、_____。
4. 养殖场控制恶臭常用的方法有_____、_____和_____。

### 二、简答题

1. 简述建筑灭鼠的方法。
2. 简述养殖场恶臭控制的综合措施。
3. 简述养殖场控制蚊蝇的措施。

# 任务4 养殖场环境消毒与防疫

### 知识信息

在畜牧业生产中，场内环境、畜体表面以及设施、器具等随时可能受到病原体的污染，从而导致传染病的发生。消毒是用物理、化学或生物的方法消除或杀灭由传染源排放到外界环境中的病原微生物，切断传播途径，防止传染病发生、传播和蔓延。

## 一、养殖场消毒

### (一) 养殖场消毒的种类

**1. 经常性消毒** 经常性消毒是为了预防传染病的发生，在未发生传染病的条件下，消灭可能存在的病原体。消毒的对象是接触面广、流动性大、易受病原体污染的器物、设施和出入养殖场的人员、车辆等，以防止疾病的传播和发生。

**2. 临时性消毒** 临时性消毒是指在非安全地区的非安全期内，为消灭病畜携带的病原传播所进行的消毒。消毒对象主要是病畜所停留过的不安全畜禽舍、隔离舍，以及被病畜分泌物、排泄物污染和可能污染的所有场所、用具和物品等。临时消毒应尽早进行。

**3. 突击性消毒** 突击性消毒是在某种传染病暴发和流行过程中，为了切断传播途径、防止其进一步蔓延，对养殖场环境、畜禽等进行的紧急性消毒。由于病畜的排泄物中含有大量的病原体，必须对病畜进行隔离，并对隔离舍进行反复的消毒，对病畜接触过的和可能受到污染的器具、设施及其排泄物进行彻底的消毒。对兽医人员在防治和试验工作中使用过的器械设备和接触过的物品也要进行消毒。

**4. 定期消毒** 定期消毒是指在未发生传染病时，为了预防传染病的发生对于有可能存在病原体的场所或设施进行定期消毒。当畜禽出售、畜禽舍空出时，必须对畜禽舍及设备、设施进行全面的清洗和消毒，彻底消灭微生物，保持环境的清洁。

**5. 终末消毒** 终末消毒是指在发病地区消灭了某种传染病，在解除封锁前，为了彻底消灭病原体而进行的最后消毒。不仅要对病畜周围一切物品及畜禽舍进行消毒，而且要对痊愈畜禽、畜禽舍和养殖场其他环境进行消毒。

### (二) 养殖场环境消毒的方法

**1. 物理消毒**

(1) 机械性消毒。即用清扫、洗刷、擦拭、铲刮等机械的方法清除降尘、污物，及沾染在墙壁、地面以及设备上的粪尿、残余饲料、废物、垃圾等。必要时，应将舍内外表层附着物一起清除，以减少感染疫病的机会。进行消毒时，需清扫、铲刮、洗刷并保持清洁干净。

通风可以减少空气中的微粒与细菌的数量，减少经空气传播疫病的机会。在通风前，使用空气喷雾消毒剂，沉降微粒和杀菌，然后再进行清扫，最后进行空气喷雾消毒。

(2) 阳光消毒。即将物品置于阳光下暴晒，利用太阳光中的紫外线、阳光的灼热和干燥作用杀灭病原微生物的过程。适用于养殖场、运动场地、垫料和可以移到室外的用具的消毒。畜禽舍内的散射光也能杀灭微生物。

常见的病原在阳光照射后被杀灭的时间为巴氏杆菌 6~8min、口蹄疫病毒 1h、结核杆菌 3~5h。在高温、干燥、能见度高的条件下杀菌效果更好。

(3) 辐射消毒。辐射消毒分紫外线辐射消毒和电离辐射消毒两种。

①紫外线辐射消毒：是使用紫外线灯照射杀灭空气中或物体表面的病原微生物的过程。适用于种蛋室、兽医室及人员进入畜禽舍前的消毒。当空气中的微粒较多时，杀菌效果较差。紫外线杀菌效果最好的环境温度为 20~40℃，温度过高过低均不利于紫外线杀菌。

②电离辐射消毒：利用 X 射线、β 射线、γ 射线、阴极射线、质子和中子电离辐射照射

物体，以杀灭物体内病原微生物的过程。其优点在于不产生热效应、穿透力强，所以适用于食品、药品、饲料、医疗器械的消毒，但产生电离辐射需要有专门的设备。

（4）高温消毒。利用高温环境包括煮沸、火焰、高压蒸汽等破坏病原体的结构，杀灭病原体的过程。

①煮沸消毒：将被污染的物品置于水中蒸煮，利用高温杀灭病原。这种方法简便、经济，消毒效果好。一般病原微生物在100℃的沸水中5min即可被杀死，经1~2h煮沸可杀灭所有的病原体。常用于体积较小而且耐煮的物品，如金属、玻璃等器具的消毒。

②火焰消毒：利用火焰喷射器喷射火焰灼烧耐火的物品或直接焚烧被污染的低价值易燃物品，以杀灭黏附在物品上的病原体。常用于畜禽舍墙壁、地面、笼具、金属设备等表面的消毒。受到污染的无价值的垫草、粪便、器具及病死的畜体应焚烧，达到彻底消毒的效果。

③高压蒸气消毒：利用水蒸气的高温杀灭病原体。常用于医疗器械的消毒，常用温度为115℃、121℃、126℃，需持续20~30min。

**2. 化学消毒法** 化学消毒是通过化学消毒剂的作用破坏病原体结构以直接杀死病原体或使病原体的增殖发生障碍的过程。化学消毒速度快、效率高，能在数分钟内进入病原体并杀灭，是养殖场最常用的消毒方法。

（1）化学消毒剂的选择。在消毒时应根据些病原体的特点，采用不同的消毒药物和消毒方法。消毒剂应选择对人和畜禽安全、无残留、消毒力强、性能稳定、不易挥发、对设备无破坏、不会在畜禽体内及产品中积累的消毒剂。养殖场常用的消毒剂的种类见表4-5。

表4-5 常用消毒剂的种类、性质、用法与用途

| 类别 | 药名 | 理化性质 | 用法与用途 |
| --- | --- | --- | --- |
| 醛类 | 福尔马林 | 无色，有刺激性气味的液体，含40%甲醛，90℃下易生成沉淀 | 1%~2%环境消毒，与高锰酸钾配伍熏蒸消毒畜禽舍等 |
| | 戊二醛 | 挥发慢，刺激性小，碱性溶液，有强大的灭菌作用 | 2%水溶液，用0.3%碳酸氢钠调整pH在7.5~8.5范围可消毒，不能用于热灭菌的精密仪器、器材的消毒 |
| 酚类 | 苯酚（石炭酸） | 白色针状结晶，弱碱性易溶于水、有芳香味 | 杀菌力强，2%用于皮肤消毒；3%~5%用于环境与器械消毒 |
| | 煤酚皂（来苏儿） | 无色，见光和空气变为深褐色，与水混合成为乳状液体 | 2%用于皮肤消毒；3%~5%用于环境消毒；5%~10%用于器械消毒 |
| 醇类 | 乙醇（酒精） | 无色透明液体，易挥发，易燃，可与水和挥发油任意比混合 | 70%~75%用于皮肤和器械消毒 |
| 季铵盐类 | 苯扎溴铵（新洁尔灭） | 无色或淡黄色透明液体，无腐蚀性，易溶于水，稳定耐热，长期保存不失效 | 0.01%~0.05%用于洗眼、阴道冲洗消毒；0.1%用于外科器械和手消毒；1%用于手术部位消毒 |
| | 杜米芬 | 白色粉末，易溶于水和乙醇，对热稳定 | 0.01%~0.02%于用黏膜消毒；0.05%~0.10%用于器械消毒；1%用于皮肤消毒 |
| | 双氯苯胍己烷 | 白色结晶粉末，微溶于水和乙醇 | 0.02%用于皮肤、器械消毒；0.5%用于环境消毒 |

(续)

| 类别 | 药名 | 理化性质 | 用法与用途 |
|---|---|---|---|
| 过氧化物类 | 过氧乙酸 | 无色透明酸性液体，易挥发，具有浓烈刺激性，不稳定，对皮肤、黏膜有腐蚀性 | 0.2%用于器械消毒；0.5%~5.0%用于环境消毒 |
| | 过氧化氢 | 无色透明，无异味，微酸苦，易溶于水，在水中分解成水和氧 | 1%~2%创面消毒；0.3%~1.0%黏膜消毒 |
| | 臭氧 | 在常温下为淡蓝色气体，有鱼腥臭味，极不稳定，易溶于水 | 30mg/m³，15min室内空气消毒；0.5mg/kg，10min用于水消毒；15~20mg/kg用于污染源污水消毒 |
| | 高锰酸钾 | 深紫色结晶，溶于水 | 0.1%用于创面和黏膜消毒；0.01%~0.02%用于消化道清洗 |
| 烷基化合物 | 环氧乙烷 | 常温无色气体，沸点10.4℃，易燃、易爆、有毒 | 50mg/kg密闭容器内用于器械、敷料等消毒 |
| 含碘类消毒剂 | 碘酊（碘酒） | 红棕色液体，微溶于水，易溶于乙醚、氯仿等有机溶剂 | 2.0%~2.5%用于皮肤消毒 |
| | 碘伏（络合碘） | 主要剂型为聚乙烯吡咯烷酮碘和聚乙烯醇碘等，性质稳定，对皮肤无害 | 0.5%~1.0%用于皮肤消毒；10mg/kg浓度用于饮水消毒 |
| 含氯化合物 | 漂白粉（含氯石灰） | 白色颗粒状粉末，有氯臭味，久置空气中失效，大部分溶于水和醇 | 5%~10%用于环境和饮水消毒 |
| | 漂白粉精 | 白色结晶，有氯臭味，含氯稳定 | 0.5%~1.5%用于地面、墙壁消毒；0.3%~0.4%饮水消毒 |
| | 氯铵类（含氯铵B、C、T） | 白色粉末，有氯臭味，属氯稳定类消毒剂 | 0.1%~0.2%浸泡物品与器材消毒；0.2%~0.5%水溶液喷雾用于室内空气及表面消毒 |
| 碱类 | 氢氧化钠（火碱） | 白色棒状、块状、片状，易溶于水，碱性溶液，易吸收空气中的二氧化碳 | 0.5%溶液用于煮沸消毒，敷料消毒；2%用于病毒消毒；5%用于炭疽消毒 |
| | 生石灰 | 白色或灰白色块状，无臭，易吸水，生成氢氧化钙 | 加水配制10%~20%石灰乳涂刷畜禽舍墙壁、畜栏等消毒 |
| 乙烷类 | 氯己定（洗必泰） | 白色结晶，微溶于水，易溶于醇，禁忌与氯化汞配伍 | 0.010%~0.025%用于腹腔、膀胱等冲洗；0.02%~0.05%水溶液，术前洗手浸泡5min |

（2）化学消毒剂的使用方法。

①清洗法：用一定浓度的消毒剂对消毒对象进行擦拭或清洗，来达到消毒目的。如对种蛋、畜禽舍地面、墙裙和器具的消毒。

②浸泡法：是把要消毒的物品浸泡于消毒液中进行消毒。常用于对医疗器具、小型用具和衣物的消毒。

③喷洒法：将一定浓度的消毒液用喷雾器或洒水壶喷洒于设施或物体的表面进行消毒。常用于对畜禽舍地面、墙壁、笼具及畜禽产品进行消毒。

④熏蒸法：利用化学消毒剂挥发或化学反应中产生的气体，来杀死封闭空间中的微生物。常用于孵化室、无畜禽时畜禽舍空间的消毒。

⑤气雾法：利用气雾发生器将消毒剂溶液雾化为气雾粒子对空气进行消毒，是消灭病原微生物的理想方法。

**小贴士**

### 影响化学消毒剂消毒效果的因素

①消毒剂的浓度与作用时间：任何一种消毒剂都必须达到一定浓度后才有消毒作用，在一定范围内杀菌效果随浓度的增加而提高，但超出范围杀菌效果不再提高。因此，在使用时应注意其有效浓度。一般来说，消毒剂与微生物接触时间越长灭菌效果越好。但不同消毒剂的作用时间不同，使用时应选择最佳的消毒时间。

②温度与湿度：温度与消毒剂的杀菌力成正相关关系。一般温度每增加10℃，其杀菌效果增加1～2倍。湿度也会影响杀菌效果，湿度过低时，杀菌效果较差。

③pH与颉颃作用：大多数消毒剂的消毒效果受pH的影响。如阳离子消毒剂和碱性消毒剂在碱性溶液中杀菌力增强，阴离子和酚类消毒剂在酸性溶液中杀菌力会增强。此外，消毒剂之间往往会形成颉颃作用，同时或短时间内在同一环境中使用多种消毒剂，会减弱消毒剂的杀菌能力。

④微生物的特点：微生物的种类或所处的状态不同，对同一消毒剂的敏感性不同。所以，在消毒时应根据消毒的目的和所要杀灭的微生物的特点，选择对病原敏感的消毒剂。

⑤有机物的存在：所有的消毒剂对任何蛋白质都有亲和力。因此，环境中的有机物可与消毒剂结合使其失去与病原体结合的机会，从而减弱其消毒能力。同时环境中的有机物本身也对微生物有机械保护作用，使消毒剂难以与微生物接触。所以，在对养殖场环境进行化学消毒时，需先彻底清扫、洗刷消除环境中的有机物，以提高消毒剂的利用率和消毒效果。

**3. 生物消毒法** 生物消毒法是利用微生物在分解有机物的过程中释放出的生物热，杀灭病原微生物和寄生虫的过程。在有机物的分解过程中，畜禽粪便温度可以达到60～70℃，可使病原微生物和寄生虫在十几分钟到数日内死亡，生物消毒法主要用于粪便消毒。

#### （三）养殖场常规消毒管理

**1. 畜禽舍带畜消毒** 畜禽舍应定期进行消毒，可选用季铵盐类、含碘类、含氯化合物等刺激性小的消毒剂带畜喷雾消毒。消毒时需先清扫污物、地面，清洗器具、用品，再喷洒消毒液。有时还需喷雾、熏蒸，每隔两周或20d进行一次。

**2. 畜禽舍空舍消毒** 畜禽出栏后，应对畜禽舍进行彻底清扫，将可移动的设备、器具等搬出畜禽舍，在指定地点清洗、暴晒、消毒。常用水、4%的碳酸钠溶液或清洗剂刷洗墙壁、地面、笼具等，干燥后进行喷雾消毒，并且闲置两周以上。当设备、器具和垫料移入舍内后，再用福尔马林熏蒸消毒（福尔马林25～40mL/m³，与高锰酸钾的比例为5∶3～2∶1，消毒12～24h，然后打开门窗通风3～4d）。

**3. 饲养设备及用具的消毒** 将可移动的设施、器具定期移到舍外，进行暴晒，再用1%～2%的漂白粉、0.1%的高锰酸钾及洗必泰等消毒液浸泡和洗刷。

**4. 畜禽粪便及垫料的消毒** 一般情况下，畜禽粪便和垫料均采用生物消毒法处理，可杀灭绝大多数病原体。但对炭疽、气肿疽等传染病的病畜粪便，需焚烧经有效消毒剂处理后深埋。

**5. 养殖场及生产区出入口的消毒** 养殖场入口处、人行通道上应设消毒池，池内用草垫等做消毒垫，消毒垫以20%新鲜石灰乳、2%～4%的氢氧化钠或3%～5%的来苏水浸泡。池内的消毒液约1周更换一次，北方冬季消毒液应换用生石灰。养殖场入口处消毒池的长度应大于车轮周长的1.5倍，宽度应与门的宽度相同，水深10～15cm。在生产区的门口和每栋畜禽舍的门外也设消毒池，工作人员进入生产区或畜禽舍时，要淋浴和更换干净的工作服、工作靴，并踏池而过，同时接受紫外线消毒灯照射3～5min。工作人员养成清洗双手、不串岗的良好习惯。

**6. 工作服的消毒** 工作服洗净后用高压蒸气消毒或紫外线消毒。

**7. 运动场的消毒** 清除运动场地面污物，用10%～20%的漂白粉喷洒，或用火焰进行消毒。运动场可用15%～20%的石灰乳涂刷。

## 二、养殖场防疫

畜禽疾病的发生与养殖场环境卫生状况密切相关。为了确保养殖场安全生产，减少疾病的发生，应从多方面做好养殖场的防疫工作。

### （一）建立完善的防疫制度

按照卫生防疫的要求，根据养殖场的实际情况，制定完善的卫生防疫制度，建立健全包括日常管理，环境清洁消毒，废弃物及病畜、死畜尸体处理，以及设计免疫等在内的各项规章制度，建立专门的管理和防疫队伍，严格执行卫生管理制度。

### （二）做好各项卫生管理工作

及时清除粪便污水，加强畜禽舍的通风换气，确保人畜的饮水卫生，对环境及用具进行定期的消毒，妥善处理病畜尸体及废弃物，保证良好的养殖场环境卫生。尽量减少外来人员进入生产区，若需进入必须进行严格的消毒；场内人员要严格遵守卫生制度。防止饲料霉变和掺入有毒有害物质，确保饲料质量安全、可靠，符合卫生要求。做好畜禽的防寒防暑工作，过冷过热的环境，会直接或间接的引起多种疾病，影响畜禽的健康。

### （三）加强卫生防疫工作

**1. 制订免疫计划** 养殖场要根据畜禽疾病的发生情况、疫苗的供应条件、气候条件及畜群抗体检测结果，制定免疫接种制度，并按计划及时接种疫苗，减少传染病的发生。

**2. 严格消毒** 按照卫生管理制度，严格执行各种消毒措施。

**3. 隔离** 对养殖场出现的病畜，尤其是患传染病或不能排除患传染病可能的畜禽应及时隔离，进行治疗或妥善处理。对场外引入的畜禽，应首先隔离饲养2～3周后，经检疫无病时方可进入畜禽舍。

**4. 检疫** 对引进的畜禽，必须进行严格的检疫，确定无病、不带病原菌时，才可进入养殖场。对将要出售的畜禽及产品，也要进行严格的检疫，防止疾病的扩散。

## 技能训练　　　　畜禽舍消毒技术

### 一、实训目标

学会畜禽舍消毒的程序和方法。

### 二、消毒准备

**1. 仪器设备** 火焰喷灯2个、电炉4台、高压水枪1个。

**2. 材料与工具**

消毒剂：百毒杀（苯扎溴铵）2瓶；3%～5%氢氧化钠溶液200kg；0.5%过氧乙酸溶

液 100kg；适量的甲醛溶液和高锰酸钾晶体。

用具：瓷盆 4 个，温湿度表 1 支，塑料薄膜、板条和钉子若干。

**3. 场所** 鸡舍或猪舍。

### 三、操作方法及标准

#### （一）操作方法

**1. 清洁鸡舍（猪舍）** 将鸡舍（猪舍）的天棚、墙壁、窗户上的灰尘，笼具上的粪渣，地面上的污垢，饮水器和料槽上的污渍进行彻底清除。

（1）去尘。用高压水枪冲洗天棚、墙体、门窗、笼具、饮水器和料槽，直至冲洗干净。

（2）除污。用洁净未污染的料袋做成丝状球刷洗水槽和料槽内外的污渍，然后用笤帚和板铲清除笼具及地面上粪便和残渣。

（3）冲洗。用高压水枪按地面排水的方向全面冲洗整个鸡舍（猪舍）。

（4）去渍。将冲洗不掉的污垢和污渍彻底清除。

**2. 冲洗消毒** 做完清洁畜禽舍工作后接着进行冲洗消毒，一般情况下需冲洗 3 次，每次冲洗 5min，间隔 20min 进行一次。第 1 次用 3% 的工业氢氧化钠热溶液冲洗消毒，第 2 次用清水冲洗干净，第 3 次用 0.5% 的过氧乙酸冲洗消毒。冲洗消毒后，排出舍内残留的积水，若有采暖设备此时需启动升温，并将舍内门窗打开进行通风换气。确保第 2 天早晨畜禽舍干燥。

**3. 粉刷消毒** 当墙体与门窗不平滑时，首先用混凝土将缝隙堵塞抹平。然后用刷墙喷射器具将天棚、墙体用石灰乳进行粉刷。

**4. 火焰消毒** 用火焰喷枪或火焰喷灯对笼具、地面及距地较近的墙体进行火焰扫射，每一处扫射时间在 3s 以上。要求工作认真细致，宁可重复消毒也不让其有遗漏之处。

**5. 熏蒸消毒**

（1）消毒用药及剂量。消毒用药为甲醛溶液和高锰酸钾晶体，配合比例为 2:1，具体剂量因鸡舍（猪舍）状况而定（表 4-6）。

表 4-6 鸡舍（猪舍）熏蒸消毒用药剂量

| 鸡舍（猪舍）状况 | 用甲醛剂量（mL/m³） | 用高锰酸钾剂量（g/m³） |
| --- | --- | --- |
| 未使用过的畜禽舍 | 14 | 7 |
| 未发疫病畜禽舍 | 28 | 14 |
| 已发疫病畜禽舍 | 42 | 21 |

（2）消毒方法及要求。消毒前先将鸡舍（猪舍）的窗户用塑料布、板条及钉子密封，将舍门用塑料布钉好待封，用电加热器将舍内温度提高到 26℃，同时向舍内地面洒 40℃ 热水至地面全部淋湿为止，然后将甲醛分别放入几个消毒容器（瓷盆）中，置于鸡舍（猪舍）不同的过道上，安排与消毒容器数量相等的工作人员，依次站在消毒容器旁等待操作，当准备就绪后，由距离门最远的工作人员开始操作，依次向容器内放入用纸包好的定量高锰酸钾，放入后迅速撤离，待最后一位工作人员将高锰酸钾放入消毒容器时所有的工作人员都已撤离到门口，待工作人员全部撤出后，将舍门关严并封好塑料布。密封 3~7d 即可。

#### （二）实训注意事项

使用碱性消毒剂、酸性消毒剂及熏蒸消毒时要注意操作者的安全与卫生防护；在熏蒸消毒之前可将饲养员的工作服、饲养管理过程中需要的用具同时放入舍内进行熏蒸消毒；使用电炉升温畜禽舍和用高压水枪冲洗畜禽舍时要在电源闭合开关处连接漏电显示器，保证用电安全；畜禽舍使用前升温排掉余烟后方可使用。

## 任务评价

### 一、填空题

1. 养殖场消毒的种类有_____、_____、_____、_____、_____。
2. 养殖场消毒的方法有_____、_____、_____。
3. 化学消毒剂的使用方法有_____、_____、_____、_____。

### 二、简答题

1. 熏蒸消毒应注意哪些问题？
2. 选择消毒剂的原则有哪些？
3. 影响消毒剂消毒效果的因素有哪些？
4. 怎样做好养殖场的防疫工作？
5. 鸡舍的五步消毒法是指什么？
6. 熏蒸消毒所用药品的剂量是如何计算的？

## 任务5　养殖场废弃物的处理与利用

### 知识信息

#### 一、养殖场废弃物的特性

养殖场的废弃物主要包括畜禽粪尿、污水、废弃的草料和沉渣等。一个400头成年母牛的奶牛场，加上相应的犊牛和育成牛，每天排粪30~40t，全年产粪1.1万~1.5万t，如用作肥料，需要253~333hm²土地才能消纳；一个10 000羽的蛋鸡场，包括相应的育成鸡在内，若以每天产粪0.1万~0.5万kg计算，全年可产粪36万~55万kg。因此，不加处理很难有相应面积的土地来消纳数量如此巨大的粪尿，尤其在畜牧业相对比较集中的城市郊区。

畜禽的粪便由于畜禽类型与成长阶段、饲料成分、管理方式等的不同，畜禽的产粪量及粪便的主要营养物质的含量与性质都有很大的差异。各种畜禽每日所产粪便的数量和各种畜禽粪便的主要养分含量见表4-7、表4-8和表4-9。

表4-7　几种主要畜禽的粪、尿产量（鲜量）

| 种类 | 体重（kg） | 每头（只）每天排泄量（kg） | | | 平均每头（只）每年排泄量（t） | | |
|---|---|---|---|---|---|---|---|
| | | 粪量 | 尿量 | 粪、尿合计 | 粪量 | 尿量 | 粪、尿合计 |
| 泌乳牛 | 500~600 | 30~50 | 15~25 | 45~75 | 14.6 | 7.3 | 21.9 |
| 成年牛 | 400~600 | 20~35 | 10~17 | 30~52 | 10.6 | 4.9 | 15.5 |

(续)

| 种类 | 体重（kg） | 每头（只）每天排泄量（kg） | | | 平均每头（只）每年排泄量（t） | | |
|---|---|---|---|---|---|---|---|
| | | 粪量 | 尿量 | 粪、尿合计 | 粪量 | 尿量 | 粪、尿合计 |
| 育成牛 | 200~300 | 10~20 | 5~10 | 15~30 | 5.5 | 2.7 | 8.2 |
| 犊牛 | 100~200 | 3.0~7.0 | 2.0~5.0 | 5.0~12.0 | 1.8 | 1.3 | 3.1 |
| 种公猪 | 200~300 | 2.0~3.0 | 4.0~7.0 | 6.0~10.0 | 0.9 | 2.0 | 2.9 |
| 空怀、妊娠母猪 | 160~300 | 2.1~2.8 | 4.0~7.0 | 6.1~9.8 | 0.9 | 2.0 | 2.9 |
| 哺乳母猪 | — | 2.5~4.2 | 4.0~7.0 | 6.5~11.2 | 1.2 | 2.0 | 3.2 |
| 培育仔猪 | 30 | 1.1~1.6 | 1.0~3.0 | 2.1~4.6 | 0.5 | 0.7 | 1.2 |
| 育成猪 | 60 | 1.9~2.7 | 2.0~5.0 | 3.9~7.7 | 0.8 | 1.3 | 2.1 |
| 育肥猪 | 90 | 2.3~3.2 | 3.0~7.0 | 5.3~10.2 | 1.0 | 1.8 | 2.8 |
| 产蛋鸡 | 1.4~1.8 | | 0.14~0.16 | | | 55kg | |
| 肉用仔鸡 | 0.04~2.8 | | 0.13 | | | 到10周龄 9.0kg | |

表 4-8　几种畜禽粪便的主要养分含量

| 畜禽种类 | 水分（%） | 有机物（%） | 氮（N）（%） | 磷（$P_2O_5$）（%） | 钾（$K_2O$）（%） |
|---|---|---|---|---|---|
| 猪粪 | 72.4 | 25.0 | 0.45 | 0.19 | 0.60 |
| 牛粪 | 77.5 | 20.3 | 0.34 | 0.16 | 0.40 |
| 马粪 | 71.3 | 25.4 | 0.58 | 0.28 | 0.53 |
| 羊粪 | 64.6 | 31.8 | 0.83 | 0.23 | 0.67 |
| 鸡粪 | 50.5 | 25.5 | 1.63 | 1.54 | 0.85 |
| 鸭粪 | 56.6 | 26.2 | 1.10 | 1.40 | 0.62 |
| 鹅粪 | 77.1 | 23.4 | 0.55 | 0.50 | 0.95 |
| 鸽粪 | 51.0 | 30.8 | 1.76 | 1.78 | 1.00 |

表 4-9　畜禽粪便的营养物质含量（干物质中）

| 项目 | 肉鸡粪 | 蛋鸡粪 | 肉牛粪 | 奶牛粪 | 猪粪 |
|---|---|---|---|---|---|
| 粗蛋白质（%） | 31.3 | 28 | 20.3 | 127 | 23.5 |
| 真蛋白（%） | 16.7 | 11.3 | | 12.5 | 15.6 |
| 可消化蛋白（%） | 23.3 | 14.4 | 4.7 | 3.2 | |
| 粗纤维（%） | 16.8 | 12.7 | 31.4 | 37.5 | 14.8 |
| 粗脂肪（%） | 3.3 | 2.0 | | 2.5 | 8.0 |
| 无氮浸出物（%） | 29.5 | 28.7 | | 29.4 | 38.3 |
| 可消化能（反刍动物）(kJ/g) | 10 212.6 | 7 885.4 | | 123.5 | 160.3 |
| 代谢能（反刍动物）(kJ/g) | 9 128.6 | | | | |
| 总消化氮（反刍动物）（%） | 59.8 | 28 | | 16.1 | 15.3 |
| 钙（%） | 2.4 | 8.8 | 0.87 | | 2.72 |
| 磷（%） | 1.8 | 2.5 | 1.60 | | 2.13 |
| 铜（mg/kg） | 98 | 150 | 31 | | 63 |

由此可见，畜牧业生产中产生的大量废弃物，含有大量的有机物质，如不妥善处理则会引起环境污染，造成公害，危害人及畜禽的健康。粪尿和污水中含有大量的营养物质，尤其是集约化程度较高的现代化养殖场，所采用的饲料含有较高的营养成分，粪便中常混有饲料残渣，在一定程度上是一种有用的资源。所以，如能对畜粪进行无害化处理，充分利用粪尿中的营养素，就能化害为利，变废为宝。

## 二、畜禽粪便的处理与利用

### （一）用作植物生长的有机肥料

为防止病原微生物污染土壤和提高肥效，应经生物发酵或药物处理后再利用。

**1. 高温堆肥** 粪便与秸秆、杂草及垃圾混合、堆积，控制适宜的相对湿度（60%~70%）和适宜的碳氮比[C：N=（25~30）：1]，创造一个好氧发酵的环境，微生物大量繁殖，有机物分解、转化成为植物能吸收的无机物和腐殖质。堆肥过程中产生的高温（达50~70℃）使病原微生物及寄生虫卵死亡，达到无害化处理的目的，从而获得优质肥料。

经过高温堆肥法处理后的粪便呈棕黑色、松软、无特殊臭味。在堆肥过程中，有许多因素会影响堆肥效果，例如，微生物的数量、温度、封顶堆料中有机物的含量、pH和空气状况都会影响其效果。为了提高堆肥的肥效价值，堆肥过程中可以根据畜粪的肥效特性及植物对堆肥中营养素的特定要求，拌入一定量的无机肥及各种肥料添加剂，使各种添加物经过堆肥处理后变成被植物吸收和利用效率高的有机复合肥。

**2. 干燥处理** 干燥处理畜粪的方式和工艺较多，常用微波干燥、笼舍内干燥、大棚发酵干燥、发酵罐干燥和晒制干燥等方式。在国内，中小型养殖场采用自然风干和阳光干燥。但这种处理方法也常会受到阴雨天气的影响而造成环境的严重污染。

**3. 药物处理** 在急需用肥的季节，或在传染病和寄生虫病严重流行的地区（尤其是血吸虫病、钩虫病等），为了快速杀灭粪便中的病原微生物和寄生虫卵，可采用化学药物消毒灭虫灭卵。选用药物时，应采用药源广、价格低、使用方便、灭虫和杀菌效果好、不损肥效、不引起土壤残留、对作物和人畜无害的药物。常用的有尿素、碳酸氢铵、硝酸铵、敌百虫等，其添加量分别为粪便量的1%、0.4%、1%、0.001%，在常温下加入畜粪1d左右就可起到消毒与除虫的效果。

### （二）用作能源物质的原料

畜禽粪便作为能源物质的方式有两种。一是进行厌氧发酵生产沼气，另一种是将畜禽粪便直接投入专用炉中焚烧，供应生产用热。沼气的主要成分是甲烷，它是一种发热量很高的可燃气体，其热值约为37.84kJ/L，可为生产、生活提供能源，同时沼渣和沼液又是很好的有机肥料。一般养猪场饲养规模在5 000头以上、奶牛场规模在100头以上、鸡场规模在20 000羽以上可采用沼气工程来治理畜禽粪便。

### （三）用作饲料

畜禽粪便饲料安全性问题主要包括粪中可能含有重金属铜、铬、砷、铅等的残留，各种抗生素、抗寄生虫药物的残留，以及大量病原微生物与寄生虫、虫卵等。但对畜禽粪便进行适当处理并控制其用量，一般不会对畜禽造成危害。

**1. 直接饲喂** 鸡粪喂猪、喂牛。20世纪末，鸡粪作为一种再生饲料被广泛使用。但因粪便中含有大量具有特殊气味的物质（如硫化氢、氨气）以及可能存在的病原菌、寄生虫及寄生虫卵，通常需经适当处理后才能作为饲用。否则，常常会引起畜禽采食后的消化不良、拉稀等。屠宰上市前需停止饲喂，否则会影响肉质。

**2. 干燥处理** 包括自然干燥、太阳光干燥、微波干燥和其他机械干燥。经干燥可除去粪便中绝大部分特殊气味，同时也可减少病原菌及寄生虫卵的含量。我国采用的微波烘干技术处理鸡粪，其工艺是将鲜粪先脱水20%，然后置于传送带上，通过微波加热器干燥，脱水效率高而速度快。意大利是将热气通至鲜粪，初期热气温度为500~700℃，可使鸡粪表面水分迅速蒸发；中期热气温度降至250~300℃，使粪内水分不断分层蒸发；末期热气温度降至150~200℃，使粪中水分进一步减少。这种高温干燥处理安全可靠，能有效地防止疾病的传播。经检测，烘干鸡粪中有害物质铅、砷的含量分别为25mg/kg、8mg/kg，小于国际规定的不超过30mg/kg、10mg/kg的标准。用干燥鸡粪喂牛、猪和鸡，可分别代替25%~30%、10%~30%和10%~15%的日粮，同时也可喂鱼。

**3. 发酵处理** 包括有氧发酵和厌氧发酵。通过发酵将畜粪中的无机氮转化为有机氮或菌体蛋白，使畜粪中的有害物质减少，蛋白质含量增加，同时杀灭病原微生物。为了提高畜粪的发酵效果和发酵后畜粪的营养价值，可以在畜粪中加入一定比例的糠麸类能量饲料。

**4. 青贮** 把畜粪加入青贮原料中一同青贮，是一个较好的利用方法。联合国粮农组织认为，青贮是一种安全、方便、成熟的鸡粪饲料喂牛方法，不仅可以防止畜粪中的粗蛋白质和非蛋白氮的损失，而且还可以将部分非蛋白氮转化为蛋白质。青贮过程中几乎所有的病原体将被有效地杀灭，有效防止疾病的传播。

**5. 膨化制粒** 非反刍动物的畜粪因其含有大量的氮、磷等营养元素，通常可以通过与常规饲料原料按一定的比例进行膨化制成饲料，供养鱼类。由于畜粪的能值较低，通过配制一定比例其他原料膨化喂鱼，可使生产出的商品鱼体型接近自然水体中生长的鱼类，含体脂相对较少。

畜禽粪便用作饲料需注意安全性，若处理不当或喂量过大，则可能对畜禽健康与生长造成危害。

### （四）通过水生生物的处理与利用

**1. 水体中的食物链** 猪粪和禽粪适度的投到水体中，将有利于水中藻类的生长和繁殖，使水体能够保持良好的生长环境，只是应控制好水体的富营养化，避免使水中的溶解氧枯竭。

**2. 适于放养的鱼种** 适于放养的鱼类为滤食性鱼类（如鲢、鳙、罗非鱼等）和杂食性鱼类（鲤、鲫、泥鳅等），若水草等大型植物多时，可兼养一些草食性鱼类（如草鱼、鳊等）。若畜粪营养物质含量丰富，则可增加吃食性鱼类放养的数量，以增加经济效益。此外当水体有机物含量适宜时，也可放养具有滤食性的虾类、苗期的蟹类及鱼苗等水产动物。

**3. 畜粪的施用方法** 常用的施肥方式有灌水前施粪和生产过程中施粪，施入的畜粪以经腐熟后为宜，直接把未经腐熟的畜粪施于水体常常会使水体耗氧过度，使水产动物缺氧而死亡。

### （五）其他处理方法

**1. 蚯蚓与蝇蛆** 蚯蚓与蝇蛆都为杂食性、食量大、繁殖快、蛋白质含量高的低等动物，由于它们处理与利用粪便的能力很强，而且是特种动物的优质蛋白源。因此，在处理与利用粪便方面具有一定的实用和经济意义。作为蚯蚓养殖的粪便必须具有适宜的水分含量，粪便中需要有合适的碳、氮、磷元素比例，为了能为蚯蚓养殖提供优质的食料，通常需要在鸡粪或猪粪中加入适量的杂草、牛粪或植物秸秆，以调节碳、氮、磷元素的比例［三者之比以（50～100）：（5～10）：1为宜］，同时增加了饲料的透气性。含水量高的鸡粪、猪粪都是蝇蛆养殖的良好培养基。若能将牛粪等粉碎，加入少量的糠麸类原料和一定量的水，也是蝇蛆养殖的良好培养基。

**2. 种植食用菌** 由于畜禽粪便中含有大量的纤维素、木质素等结构复杂的高分子糖类，同时富含多种微量元素，常可用于食用菌的培育，尤其是经腐熟后的牛粪，是良好的食用菌培养基。

### 三、畜禽养殖场污水的处理方法

#### （一）污水处理的基本原则

**1. 采用用水量少的清粪工艺——干清粪工艺** 使干粪与尿污水分流，减少污水量及污水中污染物的浓度，从而降低污水的处理难度和成本。

**2. 走种养结合的道路** 污水经处理后当作肥料来灌溉农田、果树、蔬菜及草地等，尽量减少畜禽养殖场的污水排放量。

**3. 厌氧消化** 对于大中型养殖场，特别是水冲粪养殖场，必须采用厌氧消化为主，配合好氧处理和其他生物处理的方法。

**4. 采用自然生物处理法** 对于养殖场规模小且有土地的偏远地区，尽量采用自然生物处理法。即实行干清粪工艺后，其污水处理可利用当地的自然条件和地理优势，利用附近废弃的沟塘、滩涂，采用投资少、运行费用低的方式处理污水。

**5. 修建大中型沼气工程** 对农村经济比较发达，农业生产已形成规模和专业化经营的自然村，可以实施以村为单位修建大中型沼气工程，使生态环境趋向良性循环。

#### （二）污水处理的具体要求

**1. 坚持农牧结合的原则** 畜禽养殖过程中产生的污水应坚持农牧结合的原则，经处理后尽量充分还田，实现污水资源化利用。

**2. 采取综合利用措施** 对没有充足土地消纳污水的畜禽养殖场，可根据当地实际情况选取下列综合利用措施。

（1）经过生物发酵后，可浓缩制成商品液体有机肥料。

（2）进行沼气发酵并对沼渣、沼液尽可能实现综合利用。

（3）进行其他生物能源或其他类型的资源回收利用时要避免二次污染，排放部分要符合《畜禽养殖业污染物排放标准》（GB 18596—2001）的规定。当地已制定排放标准时应执行地方排放标准。

#### （三）畜禽养殖场污水处理方法

养殖场的污水来源主要有4条途径：即生活用水、自然雨水、饮水器终端排出的水和饮水器中剩余的污水、洗刷设备及冲洗畜禽舍的水。污水处理在减少污水量的同时，要采取科学的处理方法。

**1. 物理处理法** 通过物理作用，分离回收水中不溶解的悬浮状污染物质，主要包括重力沉淀、离心沉淀和过滤等方法。

（1）重力沉淀法。可利用污水在沉淀池中静置时，其不溶性较大颗粒的重力作用，将粪水中的固形物沉淀而除去。

(2) 离心沉淀法。含有悬浮物的污水在高速旋转时,由于悬浮物和水的质量不同,离心力大小也不同,实现固液分离。该法对猪、鸡粪使用较困难,主要是粪便黏性大,投、取料不便。

(3) 过滤法。利用过滤介质的筛除作用使颗粒较大的悬浮物被截留在介质的表面,来分离污水中悬浮颗粒性污染物的一种方法。

**2. 化学处理法** 通过对污水中加入某些化学物质,利用化学反应来分离、回收污水中的污染物质,或将其转化为无害的物质。主要用于污水中的溶解性或胶体性污染物的去除。常用的方法有混凝法、中和法、氧化还原法等。

(1) 混凝法。混凝法是向废水中投加混凝剂,在混凝剂作用下使细小悬浮颗粒或胶粒聚集成较大的颗粒而沉淀,从而使细小颗粒或胶粒与水体分离,使水体得到净化。目前常用的混凝剂有无机混凝剂和有机混凝剂。无机混凝剂应用最广泛的主要有铝盐,如硫酸铝、明矾等;其次是铁盐,如硫酸亚铁、硫酸铁、三氯化铁等。有机混凝剂主要是人工合成的聚丙烯酸钠(阴离子型)、聚二甲基二烯丙基氯化铵(阳离子型)、聚丙烯酰胺(非离子型)、十二烷基苯磺酸钠和水溶性脲醛树脂等高分子絮凝剂。只需要投入少量,便可获得最佳絮凝效果。

混凝法去除水中悬浮物的原理是向水中加入混凝剂后,混凝剂在水中发生水解反应,产生带正电荷的胶体,它可吸附水中带负电荷的悬浮物颗粒,形成絮状沉淀物。絮状沉淀物可进一步吸附水体中微小颗粒并产生沉淀,使悬浮物从水体中分离。

(2) 中和法。中和法是利用酸碱中和反应的原理,向水中加入酸性(碱性)物质以中和水体碱性(酸性)物质的过程。养殖场废水含有大量有机物,一般经微生物发酵产生酸性物质。因此,向废水中一般加入碱性物质即可。

**3. 生物学处理法** 主要靠微生物将污水中的溶解性、悬浮状、胶体状的有机物逐渐降解为稳定性好的无机物。

(1) 活性污泥法。又称生物曝气法,是指在污水中加入活性污泥,经均匀混合并曝气,使污水中的有机物被活性污泥所吸附和氧化的一种废水处理方法。含有机物的污水经连续通入空气后,其中好氧微生物大量繁殖形成充满微生物的絮状物,因这种絮状物形似污泥,具有吸附和氧化分解污水中有机物的能力,故称为活性污泥。许多细菌及其所分泌的胶体物质

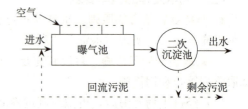

图4-3 活性污泥法处理废水工艺流程

和悬浮物质黏附在一起,形成菌胶团,菌胶团是活性污泥的核心,它们能大量分解有机物而不被其他生物所吞噬,且易于沉淀。活性污泥法的关键在于有良好的活性污泥和充足的溶解氧,所以曝气是活性污泥法中一个不可缺少的重要步骤,曝气池是利用活性污泥法处理污水的主要构筑物。活性污泥法的主要流程见图4-3。

(2) 生物膜法。又称生物过滤法,是使污水通过一层表面充满生物膜的滤料,依靠生物膜上的大量微生物,在氧气充足的条件下,氧化污水中的有机物。生物膜是污水中各种微生物在过滤材料表面大量繁殖所形成的一种胶状膜。利用生物膜来处理污水的设备主要有生物滤池和生物转盘等。生物转盘构造与处理废水的流程见图4-4A和图4-4B。

在生物滤池中,由微生物黏附转盘表面的生物膜转动,1/2浸于污水,1/2在液面以上曝气,故称生物转盘。生物膜交替通过空气及污水,保持好氧微生物的正常生长与繁殖,实

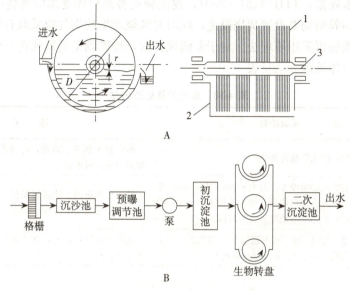

图 4-4 生物转盘法处理废水流程
A. 生物转盘构造示意图　B. 流程图
1. 盘片　2. 氧化槽　3. 转轴

现了微生物对有机物的好氧分解，使污水得到净化。生物转盘的速度不宜过快，其线速度≤20m/s，否则生物膜易脱落。生物处理后的污水，再经过台阶式水帘在阳光下曝气处理，恢复水中的溶解氧，则实现进一步净化，可直接排放或用于养殖场冲洗及辅助用水。

（3）人工湿地处理法。人工湿地法是一种利用生长在低洼地或沼泽地的植物的代谢活动来吸收转化水体有机物，净化水质的方法。当污水流经人工湿地时，生长在低洼地或沼泽地的植物截留、吸附和吸收水体中的悬浮物、有机质和矿物质元素，并将它们转化为植物产品。在处理污水时，可将若干个人工湿地串联，组成人工湿地处理废水系统，这个系统可大幅度提高人工湿地处理废水的能力。人工湿地主要由碎石床、基质和水生植物组成（图 4-5）。人工湿地种植的植物主要为耐湿植物如芦苇、水莲等沼泽植物。

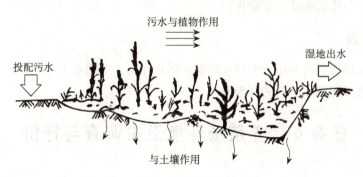

图 4-5 人工湿地处理废水示意

## 四、畜禽尸体处理和利用

病死畜禽尸体要及时处理，严禁随意丢弃，严禁出售或作为饲料再利用。我国《畜禽养殖业污染防治技术规范》（HJ/T 81—2001）规定病死畜禽尸体处理应焚烧或填埋。特别是养殖规模比较大的养殖场要设置焚烧设施，同时对焚烧产生的烟气应采取有效的净化。不具备焚烧条件的养殖场可采用填埋法。对于非病死畜禽，堆肥则是处置死畜尸体的经济有效的方法。常见畜禽尸体处理方法见表4-10。

表4-10　畜禽尸体处理方法

| 方法 | 采取措施 | 特　　点 |
| --- | --- | --- |
| 焚烧 | 采用焚烧炉，将死亡畜禽焚烧 | 彻底消灭病菌、病毒，处理迅速、卫生，但不能利用产品，成本高 |
| 填埋 | 设置混凝土结构的填埋井，深大于2m，直径1m，井口加盖密封。投入畜禽尸体后，覆盖厚度大于10cm的熟石灰，填满后要用黏土填埋压实并封口 | 利用生物热的方法进行发酵，起到消毒灭菌的作用。可以避免二次污染 |
| 蒸煮 | 将尸体切成不超过2kg、厚不超过8cm的肉块，放于特制的高压锅内，在112kPa压力下蒸煮1.5~2.0h | 能够彻底消毒，并可保留部分产品（晒干粉碎后可作为饲料） |

## 任务评价

### 一、填空题

1. 畜禽粪便用作有机肥料时的堆肥方法有_____、_____、_____。
2. 沼气的主要成分有_____、_____，还含有_____、_____、_____。
3. 畜禽尸体处理常用方法有_____、_____、_____。
4. 畜禽粪便作为饲料的利用方法有_____、_____、_____。

### 二、简答题

1. 简述粪便处理利用的途径。
2. 简述活性污泥净化污水的原理。
3. 生物膜法为什么能使污水净化？

### 三、讨论题

1. 探讨污水处理后再利用对节约水资源和防止环境污染的双重作用。
2. 探讨畜禽粪便用作肥料的利与弊。

## >>> 任务6　养殖场环境卫生调查与评价 <<<

### 知识信息

#### 一、调查与评价内容

**1. 养殖场的位置**　观察和了解养殖场周围交通运输情况、居民点及其他工农业企业等的距离与位置。

**2. 全场地形、地势与土壤**　场地形状及面积大小，地势高低、坡度和坡向，土质和植被等。

**3. 水源**　水源种类及卫生防护条件、给水方式、水质情况、水量是否满足需要等。

**4. 全场平面布局情况**
（1）全场不同功能区的划分及其在场内位置的相互关系。
（2）畜禽舍的排列形式、方位及其间距。
（3）饲料库、饲料加工间、产品加工间、兽医室、贮粪池以及其他附属建筑的位置与畜禽舍的距离。
（4）运动场的位置、面积、土质及排水情况。

**5. 畜禽舍卫生状况**　包括畜禽舍类型、样式、材料结构，通风换气方式与设备，采光情况，排水系统及防潮措施，畜禽舍防寒、防暑设施与效果，畜禽舍温度、湿度、气流观测结果。

**6. 养殖场环境污染与环境保护情况**　粪尿处理情况，场内排水设施及污水排放、处理情况，绿化情况，场界与场内各区域的污水防护设施，蚊蝇滋生情况及其他污水状况。

**7. 其他**　畜禽传染病、地方病、慢性病等发病情况。

## 二、调查与评价的方法

学生分成若干小组，按上述内容进行观察、测量和访问，并参考下表进行记录，最后综合分析，做出卫生评价结论。结论的内容应从养殖场场址选择、建筑物规划布局、畜禽舍建筑、养殖场环境卫生 4 个方面，分别指出其优点、缺点，并提出今后改进的意见。结论表达应力求简明扼要。

## 三、调查表

调查某养殖场环境卫生状况，做出正确评价，并提出切合实际的改进措施。养殖场环境卫生调查表见表 4-11。

表 4-11　养殖场环境卫生调查

| | |
|---|---|
| 养殖场名称： | 畜禽种类与头（只）数： |
| 位置： | 全场面积（$m^2$）： |
| 地形： | 地势： |
| 土质： | 植被： |
| 水源： | 当地主风向： |
| 畜禽舍区位置： | 畜禽舍栋数： |
| 畜禽舍方位： | 畜禽舍间距： |
| 畜禽舍距调料间： | 畜禽舍距饲料库： |
| 畜禽舍距产品加工间： | 畜禽舍距兽医室： |
| 畜禽舍距公路： | 畜禽舍距住宅区： |

(续)

| 畜禽舍类型： | | | | | |
|---|---|---|---|---|---|
| 畜禽舍面积 | 长（m）： | | 宽（m）： | | 面积（m²）： |
| 畜栏有效面积 | 长（m）： | | 宽（m）： | | 面积（m²）： |
| 值班室面积 | 长（m）： | | 宽（m）： | | 面积（m²）： |
| 饲料室面积 | 长（m）： | | 宽（m）： | | 面积（m²）： |
| 舍顶 | 形式： | | 材料： | | 高度（cm）： |
| 天棚 | 形式： | | 厚度（cm）： | | 高度（cm）： |
| 外墙 | 材料： | | 厚度（cm）： | | |
| 窗 | 南窗数量： | | 每个窗户尺寸（cm）： | | |
| | 北窗数量： | | 每个窗户尺寸（cm）： | | |
| | 窗台高度（cm）： | | 采光系数： | | |
| | 入射角： | | 透光角： | | |
| 大门 | 形式： | | 数量： | | 高度（cm）：　宽度（cm）： |
| 通道 | 数量： | | 位置： | | 宽度（cm）： |
| 畜床 | 材料： | | 卫生条件： | | |
| 粪尿沟 | 形式： | | 宽（cm）： | | 深（cm）： |
| 通风设备 | 进气管数量： | | 单个面积（cm²）： | | |
| | 排气管数量： | | 单个面积（cm²）： | | |
| 其他通风设备 | | | | | |
| 运动场 | 位置： | | 面积（m²）： | | 土质： |
| 卫生状况： | | | | | |
| 畜禽舍小气候观测结果 | | 温度： | | 湿度： | |
| | | 气流： | | 光照度： | |
| 养殖场一般环境状况： | | | | | |
| 其　他： | | | | | |
| 综合评价： | | | | | |
| 改进意见： | | | | | |

调查人：_____　　　　　调查日期：_____

## 任务评价

简答题

1. 为什么要对养殖场环境进行调查？
2. 养殖场空气环境调查的主要内容是什么？
3. 养殖场水质调查的主要内容是什么？
4. 简述养殖场环境进行评价的意义。

# 附 录

## 附录1　畜禽养殖业污染防治技术规范

（国家环境保护总局，2001年12月19日发布，2002年4月1日实施）

**前言**

随着我国集约化畜禽养殖业的迅速发展，养殖场及其周边环境问题日益突出，成为制约畜牧业进一步发展的主要因素之一。为防止环境污染，保障人、畜健康，促进畜牧业的可持续发展，依据《中华人民共和国环境保护法》等有关法律、法规制定本技术规范。

本技术规范规定了畜禽养殖场的选址要求、场区布局与清粪工艺、畜禽粪便贮存、污水处理、固体粪肥的处理利用、饲料和饲养管理、病死畜禽尸体处理与处置、污染物监测等污染防治的基本技术要求。

本技术规范为首次制定。

本技术规范由国家环境保护总局自然生态保护司提出。

本技术规范由国家环境保护总局科技标准司归口。

本技术规范由北京师范大学环境科学研究所、国家环境保护总局南京环境科学研究所和中国农业大学资源与环境学院共同负责起草。本技术规范由国家环境保护总局负责解释。

### 1　主题内容

本技术规范规定了畜禽养殖场的选址要求、场区布局与清粪工艺、畜禽粪便贮存、污水处理、固体粪肥的处理利用、饲料和饲养管理、病死畜禽尸体处理与处置、污染物监测等污染防治的基本技术要求。

### 2　技术原则

2.1　畜禽养殖场的建设应坚持农牧结合、种养平衡的原则，根据本场区土地（包括与其他法人签约承诺消纳本场区产生粪便污水的土地）对畜禽粪便的消纳能力，确定新建畜禽养殖场的养殖规模。

2.2　对于无相应消纳土地的养殖场，必须配套建立具有相应加工（处理）能力的粪便污水处理设施或处理（置）机制。

2.3　畜禽养殖场的设置应符合区域污染物排放总量控制要求。

## 3 选址要求

3.1 禁止在下列区域内建设畜禽养殖场:

**3.1.1** 生活饮用水水源保护区、风景名胜区、自然保护区的核心区及缓冲区。

**3.1.2** 城市和城镇居民区,包括文教科研区、医疗区、商业区、工业区、游览区等人口集中地区。

**3.1.3** 县级人民政府依法划定的禁养区域。

**3.1.4** 国家或地方法律、法规规定需特殊保护的其他区域。

3.2 新建改建、扩建的畜禽养殖场选址应避开3.1规定的禁建区域,在禁建区域附近建设的,应设在3.1规定的禁建区域常年主导风向的下风向或侧风向处,场界与禁建区域边界的最小距离不得小于500m。

## 4 场区布局与清粪工艺

4.1 新建、改建、扩建的畜禽养殖场应实现生产区、生活管理区的隔离,粪便污水处理设施和禽畜尸体焚烧炉;应设在养殖场的生产区、生活管理区的常年主导风向的下风向或侧风向处。

4.2 养殖场的排水系统应实行雨水和污水收集输送系统分离,在场区内外设置的污水收集输送系统,不得采取明沟布设。

4.3 新建、改建、扩建的畜禽养殖场应采取干法清粪工艺,采取有效措施将粪及时、单独清出,不可与尿、污水混合排出,并将产生的粪渣及时运至贮存或处理场所,实现日产日清。采用水冲粪、水泡粪湿法清粪工艺的养殖场,要逐步改为干法清粪工艺。

## 5 畜禽粪便的贮存

5.1 畜禽养殖场产生的畜禽粪便应设置专门的贮存设施,其恶臭及污染物排放应符合《畜禽养殖业污染物排放标准》。

5.2 贮存设施的位置必须远离各类功能地表水体(距离不得小于400m),并应设在养殖场生产及生活管理区的常年主导风向的下风向或侧风向处。

5.3 贮存设施应采取有效的防渗处理工艺,防止畜禽粪便污染地下水。

5.4 对于种养结合的养殖场,畜禽粪便贮存设施的总容积不得低于当地农林作物生产用肥的最大间隔时间内本养殖场所产生粪便的总量。

5.5 贮存设施应采取设置顶盖等防止降雨(水)进入的措施。

## 6 污水的处理

6.1 畜禽养殖过程中产生的污水应坚持种养结合的原则,经无害化处理后尽量充分还田,实现污水资源化利用。

6.2 畜禽污水经治理后向环境中排放,应符合《畜禽养殖业污染物排放标准》的规定,有地方排放标准的应执行地方排放标准。

污水作为灌溉用水排入农田前,必须采取有效措施进行净化处理(包括机械的、物理的、化学的和生物学的），并须符合《农田灌溉水质标准》（GB 5084—1992）的要求。

**6.2.1** 在畜禽养殖场与还田利用的农田之间应建立有效的污水输送网络，通过车载或管道形式将处理（置）后的污水输送至农田，要加强管理，严格控制污水输送沿途的弃、撒和跑、冒、滴、漏。

**6.2.2** 畜禽养殖场污水排入农田前必须进行预处理（采用格栅、厌氧、沉淀等工艺、流程），并应配套设置田间储存池，以解决农田在非施肥期间的污水出路问题，田间储存池的总容积不得低于当地农林作物生产用肥的最大间隔时间内畜禽养殖场排放污水的总量。

**6.3** 对没有充足土地消纳污水的畜禽养殖场，可根据当地实际情况选用下列综合利用措施。

**6.3.1** 经过生物发酵后，可浓缩制成商品液体有机肥料。

**6.3.2** 进行沼气发酵，对沼渣、沼液应尽可能实现综合利用，同时要避免产生新的污染，沼渣及时清运至粪便贮存场所；沼液尽可能进行还田利用，不能还田利用并需外排的要进行进一步净化处理，达到排放标准。

沼气发酵产物应符合《粪便无害化卫生标准》(GB 7959—1987)。

**6.4** 制取其他生物能源或进行其他类型的资源回收综合利用，要避免二次污染，并应符合《畜禽养殖业污染物排放标准》的规定。

**6.5** 污水的净化处理应根据养殖种类、养殖规模、清粪方式和当地的自然地理条件，选择合理、适用的污水净化处理工艺和技术路线，尽可能采用自然生物处理的方法，达到回用标准或排放标准。

**6.6** 污水的消毒处理提倡采用非氯化的消毒措施，要注意防止产生二次污染物。

# 7 固体粪肥的处理利用

## 7.1 土地利用

**7.1.1** 畜禽粪便必须经过无害化处理，并且须符合《粪便无害化卫生标准》后，才能进行土地利用，禁止未经处理的畜禽粪便直接施入农田。

**7.1.2** 经过处理的粪便作为土地的肥料或土壤调节剂来满足作物生长的需要，其用量不能超过作物当年生长所需养分的需求量。

在确定粪肥的最佳使用量时需要对土壤肥力和粪肥肥效进行测试评价，并应符合当地环境容量的要求。

**7.1.3** 对高降水区、坡地及沙质容易产生径流和渗透性较强的土壤，不适宜施用粪肥或粪肥使用量过高易使粪肥流失引起地表水或地下水污染时，应禁止或暂停使用粪肥。

**7.2** 对没有充足土地消纳利用粪肥的大中型畜禽养殖场和养殖小区，应建立集中处理畜禽粪便的有机肥厂或处理（置）机制。

**7.2.1** 固体粪肥的堆制可采用高温好氧发酵或其他适用技术和方法，以杀死其中的病原菌和蛔虫卵，缩短堆制时间，实现无害化。

**7.2.2** 高温好氧堆制法分自然堆制发酵法和机械强化发酵法，可根据本场的具体情况选用。

## 8 饲料和饲养管理

8.1 畜禽养殖饲料应采用合理配方,按理想蛋白质体系配制等,提高蛋白质及其他营养的吸收效率,减少氮的排放量和粪的生产量。

8.2 提倡使用微生物制剂、酶制剂和植物提取液等活性物质,减少污染物排放和恶臭气体的产生。

8.3 养殖场场区、畜禽舍、器械等消毒应采用环境友好的消毒剂和消毒措施(包括紫外线、臭氧、双氧水等方法),防止产生氯代有机物及其他的二次污染物。

## 9 病死畜禽尸体的处理与处置

9.1 病死畜禽尸体要及时处理,严禁随意丢弃,严禁出售或作为饲料再利用。

9.2 病死禽畜尸体处理应采用焚烧炉焚烧的方法,在养殖场比较集中的地区,应集中设置焚烧设施;同时焚烧产生的烟气应采取有效的净化措施,防止烟尘、一氧化碳、恶臭等对周围大气环境的污染。

9.3 不具备焚烧条件的养殖场应设置两个以上安全填埋井,填埋井应为混凝土结构,深度大于2m,直径1m,井口加盖密封。进行填埋时,在每次投入畜禽尸体后,应覆盖一层厚度大于10cm的熟石灰,井填满后,须用黏土填埋压实并封口。

## 10 畜禽养殖场排放污染物的监测

10.1 畜禽养殖场应安装水表,对厨水实行计量管理。

10.2 畜禽养殖场每年应至少两次定期向当地环境保护行政主管部门报告污水处理设施和粪便处理设施的运行情况,提交排放污水、废气、恶臭以及粪肥的无害化指标的监测报告。

10.3 对粪便污水处理设施的水质应定期进行监测,确保达标排放。

10.4 排污口应设置国家环境保护总局统一规定的排污口标志。

## 11 其他

养殖场防疫、化验等产生的危险废水和固体废弃物应按国家的有关规定进行处理。

# 附录2 畜禽养殖业污染物排放标准

(GB 18596—2001,2001年12月28日发布,2003年1月1日实施)

## 1 主题内容和适用范围

1.1 **主题内容** 本标准按集约化畜禽养殖业的不同规模分别规定了水污染物、恶臭气体的最高允许日均排放浓度、最高允许排水量,畜禽养殖业废渣无害化环境标准。

1.2 **适用范围** 本标准用于全国集约化畜禽养殖场和养殖区污染物的排放管理,以及这些建设项目环境影响评价、环境保护设施设计、竣工验收及其投产后的排放管理。

**1.2.1** 本标准适用的畜禽养殖场和养殖区规模分级，按附表1和附表2执行。

附表1 集约化畜禽养殖场的适用规模（以存栏数计：$Q$为存栏数）

| 规模分级 | 猪（头）(25kg以上) | 鸡（只） | | 牛（头） | |
|---|---|---|---|---|---|
| | | 蛋鸡 | 肉鸡 | 成年奶牛 | 肉牛 |
| Ⅰ级 | ≥3 000 | ≥100 000 | ≥200 000 | ≥200 | ≥400 |
| Ⅱ级 | 500≤$Q$<3 000 | 15 000≤$Q$<100 000 | 30 000≤$Q$<200 000 | 100≤$Q$<200 | 200≤$Q$<400 |

附表2 集约化畜禽养殖区的适用规模（以存栏数计：$Q$为存栏数）

| 规模分级 | 猪（头）(25kg以上) | 鸡（只） | | 牛（头） | |
|---|---|---|---|---|---|
| | | 蛋鸡 | 肉鸡 | 成年奶牛 | 肉牛 |
| Ⅰ级 | ≥6 000 | ≥200 000 | ≥400 000 | ≥400 | ≥800 |
| Ⅱ级 | 3 000≤$Q$<6 000 | 100 000≤$Q$<200 000 | 200 000≤$Q$<400 000 | 200≤$Q$<400 | 400≤$Q$<8 000 |

**1.2.2** 对具有不同畜禽种类的养殖场和养殖区，其规模可将鸡、牛的养殖量换算成猪的养殖量，换算比例为：30只蛋鸡换成1头猪，60只肉鸡折算成1头猪，1头奶牛折算成10头猪，1头肉牛折算成5头猪。

**1.2.3** 所有Ⅰ级规模范围内的集约化畜禽养殖场和养殖区，以及Ⅱ级规模范围内且地处国家环境保护重点城市重点流域和污染严重河网地区的集约化畜禽养殖场和养殖区，自本标准实施之日起开始执行。

**1.2.4** 其他地区Ⅱ级规模范围内的集约化养殖场和养殖区，实施标准的具体时间可由县级以上人民政府环境保护行政主管部门确定，但不得迟于2004年7月1日。

**1.2.5** 对集约化养羊场和养羊区，将羊的养殖量换算成猪的养殖量，换算比例为：3只羊换算成1头猪，根据换算后的养殖量确定养羊场或养羊区的规模级别，并参照本标准的规定执行。

## 2 定义

**2.1 集约化畜禽养殖场** 指进行集约化经营的畜禽养殖场。集约化养殖是指在较小的场地内，投入较多的生产资料和劳动，采用新的工艺技术措施，进行精心管理的饲养方式。

**2.2 集约化畜禽养殖区** 指距居民区一定距离，经过行政区划确定的多个畜禽养殖个体生产集中的区域。

**2.3 废渣** 指养殖场外排放的畜禽粪便、畜禽舍垫料、废饲料及散落的毛羽等固体废物。

**2.4 恶臭污染物** 指一切刺激嗅觉器官，引起人们不愉快及损害生活环境的气体物质。

**2.5 臭气浓度** 指恶臭气体（包括异味）用无臭空气进行稀释，稀释到刚好无臭时所需的稀释倍数。

**2.6 最高允许排水量** 指在畜禽养殖过程中直接用于生产的水的最高允许排放量。

## 3 技术内容

本标准按水污染物、废渣和恶臭气体的排放分为以下3部分。

## 3.1 畜禽养殖业水污染物排放标准

**3.1.1** 畜禽养殖业废水不得排入敏感水域和有特殊功能的水域。排放去向应符合国家和地方的有关规定。

**3.1.2** 标准适用规模范围内的畜禽养殖业的水污染物排放分别执行附表3、附表4和附表5的规定。

附表3 集约化畜禽养殖业水冲工艺最高允许排水量

| 控制项目 | 猪 [m³/(百头·d)] | | 鸡 [m³/(千只·d)] | | 牛 [m³/(百头·d)] | |
|---|---|---|---|---|---|---|
| | 冬季 | 夏季 | 冬季 | 夏季 | 冬季 | 夏季 |
| 标准值 | 2.5 | 3.5 | 0.8 | 1.2 | 20 | 30 |

注：废水最高允许排放量中的单位中，百头、千只均指存栏数；春、秋季废水最高允许排放量按冬、夏两季的平均值计算。

附表4 集约化畜禽养殖业干清粪工艺最高允许排水量

| 控制项目 | 猪 [m³/(百头·d)] | | 鸡 [m³/(千只·d)] | | 牛 [m³/(百头·d)] | |
|---|---|---|---|---|---|---|
| | 冬季 | 夏季 | 冬季 | 夏季 | 冬季 | 夏季 |
| 标准值 | 1.2 | 1.8 | 0.5 | 0.7 | 17 | 20 |

注：废水最高允许排放量中的单位中，百头、千只均指存栏数；春、秋季废水最高允许排放量按冬、夏两季的平均值计算。

附表5 集约化畜禽养殖业污染最高允许日均排放浓度

| 控制项目 | 五日生化需氧量（mg/L） | 化学需氧量（mg/L） | 悬浮量（mg/L） | 氨氮（mg/L） | 总磷(以P计)（mg/L） | 粪大肠菌群数（个/100mL） | 蛔虫卵（个/L） |
|---|---|---|---|---|---|---|---|
| 标准值 | 150 | 400 | 200 | 80 | 8.0 | 1 000 | 2.0 |

## 3.2 畜禽养殖业废渣无害化环境标准

**3.2.1** 畜禽养殖业必须设置废渣的固定储存设施和场所，储存场所要有防止粪液渗漏、溢流措施。

**3.2.2** 用于直接还田的畜禽粪便，必须进行无害化处理。

**3.2.3** 禁止直接将废渣倾倒入地表水体或其他环境中。畜禽粪便还田时，不能超过当地的最大农田负荷量。避免造成面源污染和地下水污染。

**3.2.4** 经无害化处理后的废渣，应符合附表6的规定。

附表6 畜禽养殖业废渣无害化环境标准

| 控制项目 | 指标 |
|---|---|
| 蛔虫卵 | 死亡率≥95% |
| 粪大肠菌群数 | ≤10⁵个/kg |

## 3.3 畜禽养殖业恶臭污染物排放标准

集约化畜禽养殖业恶臭污染物的排放执行附表7的规定。

附表7 集约化畜禽养殖业恶臭污染物排放标准

| 控制项目 | 指标 |
|---|---|
| 臭气浓度（无量纲） | 70 |

3.4 畜禽养殖业应积极通过废水和粪便的还田或其他措施对所排放的污染物进行综合利用，实现污染物的资源化。

## 4 监测

污染物项目监测的采样点和采样频率应符合国家环境监测技术规范的要求。污染物项目的监测方法按附表8执行。

附表8 畜禽养殖业污染物排放配套监测方法

| 序号 | 项目 | 监测方法 | 方法来源 |
| --- | --- | --- | --- |
| 1 | 生化需氧量（$BOD_5$） | 稀释与接种法 | GB/T 7488—1987 |
| 2 | 化学需氧（COD） | 重铬酸钾法 | GB/T 11914—1989 |
| 3 | 悬浮物（SS） | 重量法 | GB/T 11901—1989 |
| 4 | 氨氮（$NH_3$-N） | 钠氏试剂比色法 | GB/T 7479—1987 |
|   |   | 水杨酸分光光度法 | GB/T 7481—1987 |
| 5 | 总P（以P计） | 钼蓝比色法① |   |
| 6 | 粪大肠菌群数 | 多管发酵法② | GB/T 5750—1985 |
| 7 | 蛔虫卵 | 吐温-80柠檬酸缓冲液离心沉淀集卵法 |   |
| 8 | 蛔虫卵死亡率 | 堆肥蛔虫卵检查法 | GB 7959—1987 |
| 9 | 寄生虫卵沉降率 | 粪稀蛔虫卵检查法 | GB 7959—1987 |
| 10 | 臭气浓度 | 三点式比较臭袋法 | GB/T 14675—1993 |

注：分析方法中，未列出国标的暂时采用下列方法，待国家标准方法颁布后执行国家标准。
①水和废水监测分析方法（第三版），中国环境科学出版社1989出版。
②卫生防疫检验，上海科学技术出版社1964出版。

## 5 标准的实施

5.1 本标准由县级以上人民政府环境保护行政主管部门实施统一监督管理。

5.2 省、自治区、直辖市人民政府可根据地方环境和经济发展的需要，确定严于本标准的集约化畜禽养殖业适用规模，或制定更为严格的地方畜禽养殖业污染物排放标准，并报国务院环境保护行政主管部门备案。

# 附录3 养殖场环境污染控制技术规范

（NY/T 1169—2006，2006年7月10日发布，2006年10月1日实施）

## 1 范围

本标准规定了养殖场选址、场区布局、污染治理设施以及控制养殖场恶臭污染、粪便污染、污水污染、病源微生物污染、药物污染、畜禽尸体污染等的基本技术要求和养殖场环境污染监测控制技术。

本标准适用于目前正在运行生产的养殖场和新建、改建、扩建养殖场的环境污染控制。

## 2 引用标准

下列文件中的条款通过本标准的引用而成为本标准的条款。凡是注日期的引用文件,其随后所有的修改单(不包括勘误的内容)或修订版均不适用于本标准,然而,鼓励根据本标准达成协议的各方研究是否可使用这些文件的最新版本。凡是不注日期的引用文件,其最新版本适用于本标准。

GB 5084　　农田灌溉水质标准　　　　　GB 7959　粪便无害化卫生标准
GB 13078　　饲料卫生标准　　　　　　　GB 18596　畜禽养殖业污染物排放标准
GB/T 19525.2　　畜禽场环境质量评价准则
农业部文件农牧发［2002］1号《食品动物禁用的兽药及其他化合物清单》
农业部公告［2002］第176号《禁止在饲料和动物饮水中使用的药物品种目录》

## 3 术语和定义

下列术语和定义适用于本标准。

**3.1 养殖场** 按养殖规模,本标准规定:鸡5 000只,母猪存栏≥75头,牛≥25头为养殖场,该场应设置有舍区、场区和缓冲区。

**3.2 环境污染** 是指人类活动使环境要素或其状态发生变化,环境质量恶化,扰乱和破坏了生态系统的动态平衡和人类的正常生活条件的现象。本规范所指环境污染是以畜禽活动为主体所造成的污染即养殖场环境污染,主要包括恶臭污染、粪便污染、污水污染、病源微生物污染、药物污染、畜禽尸体污染等。

**3.3 恶臭污染物** 指一切刺激嗅觉器官,引起人们不愉快及损害生活环境的气体物质。

**3.4 环境质量评价** 指依照一定的评价标准和评价方法对一定区域范围内的环境质量进行说明和评定。

**3.5 环境影响评价** 狭义地说是建设项目可行性研究工作的重要组成部分,是对特定建设项目预测其未来的环境影响,同时提出防治对策,为决策部门提供科学依据,为设计部门提供优化设计的建议。广义地讲是指人类进行某项重大活动(包括开发建设、规划、计划、政策、立法)之前,采用评价手段预测该项活动可能给环境带来的影响。

## 4 养殖场环境污染控制技术要求

### 4.1 选址、布局要求

**4.1.1** 按照国标 GB/T 19525.2 对养殖场环境质量进行评价,正确选址、合理布局。

**4.1.2** 按建设项目环境保护法律、法规的规定,进行环境影响评价,实施"三同时"制度。

### 4.2 污染治理设施的要求

已建、新建、改建及扩建养殖场的排水、通风、粪便堆场和污水贮水池、绿化等满足如下要求,不符合要求者应予以改造。

**4.2.1 养殖场排水** 畜禽舍地面应向排水沟方向做1%~3%的倾斜;排水沟沟底须有2%~5%的坡度,且每隔一定距离设一深0.5m的沉淀坑,保持排水通畅。

**4.2.2 畜禽舍通风** 根据畜禽舍内的养殖品种、养殖数量,配备适当的通风设施,使风速满足畜禽对风速的要求。

**4.2.3 粪便堆场和污水贮水池** 粪便堆场和污水贮水池应设在养殖场生产及生活管理区常年主导风向的下风向或侧风向处，距离各类功能地表水源不得小于400m，同时采取搭棚遮雨和水泥硬化等防渗漏措施。粪便堆场的地面应高出周围地面至少30cm。

实行种养结合的养殖场，其粪便存储设施的总容积不得低于当地农林作物生产用肥的最大间隔时间内本养殖场所产生粪便的总量。

**4.2.4 绿化要求** 在养殖场周围和场区空闲地种植环保型树、花、草，绿化环境、净化空气，改善畜禽舍小气候，加强防疫，畜禽养殖场场区绿化覆盖率达到30%，并在场外缓冲区建5~10m的环境绿化带。

### 4.3 恶臭污染控制

**4.3.1** 采用配合饲料，调整饲料中氨基酸等各种营养成分的平衡，提高饲料养分的利用效率，减少粪尿中氨氮化合物、含硫化合物等恶臭气体的产生和排放；合理调整日粮中粗纤维的水平，控制吲哚和粪臭素的产生。

**4.3.2** 提倡在饲料中添加使用微生物制剂、酶制剂和植物提取液等活性物质以减少粪便恶臭气体的产生。

**4.3.3** 畜禽舍内的粪便、污物和污水及时清除和处理，以减少粪尿存储过程中恶臭气体的产生和排放。

**4.3.4** 在畜禽粪便中添加沸石粉、丝兰属植物提取物等，达到除臭和抑制恶臭扩散的目的。

**4.3.5** 养殖场根据实际情况可适当增加垫料厚度，也可在垫料中选择添加沸石粉、丝兰属植物等材料达到除臭效果。

### 4.4 粪便污染控制

**4.4.1** 已建、新建、改建以及扩建的养殖场必须同步建设相应的粪便处理设施。

**4.4.2** 采用种养结合的养殖场，粪便还田前必须经过无害化处理，按照土壤质地以及种植作物的种类确定施肥数量。

**4.4.3** 施入农田后粪便应立即混合到土壤内，裸露时间不得超过12h，不得在冻土或冰雪覆盖的土地上施粪。

**4.4.4** 提倡干清粪工艺收集粪便，减少污水量。实现清污分流，雨污分流，减少污水处理量。

**4.4.5** 对于没有足够土地消纳粪便的养殖场，可根据本场的实际情况采用堆肥发酵、沼气发酵、粪便脱水干燥等方法对粪便进行处理。

### 4.5 污水污染控制

**4.5.1** 采用种养结合的养殖场，可将污水无害化处理后用于农田灌溉，实现污水的循环利用，灌溉用水水质应达到GB 5084的要求。

**4.5.2** 对没有足够土地消纳污水的养殖场，可根据当地实际情况选用下列综合利用措施。

**4.5.2.1** 经过生物发酵后，浓缩制成商品液体有机肥料。

**4.5.2.2** 进行沼气发酵，对沼渣、沼液实现农业综合利用，避免二次污染。沼渣及时运至粪便储存场所，沼液尽量还田利用。

**4.5.3** 污水的处理提倡采用自然、生物处理的方法。经过处理的污水若排放到周围地表则应达到 GB 18596 要求。

**4.5.4** 污水运送方式

管道运送：定期检查、维修管道，避免出现跑、冒、滴、漏现象。

车辆运送：必须采用封闭运送车，避免运输过程中洒、漏。

**4.5.5** 污水的消毒

使用次氯酸钠消毒时其"余氯"灌溉旱作时应小于 1.5mg/L，灌溉蔬菜时应小于 1.0mg/L。

**4.6 病原微生物污染控制**

**4.6.1** 对畜禽粪尿中以及病死畜体中的病原微生物进行处理应分别达到 GB 7959 和 GB 16548 规定的要求。

**4.6.2** 饲料中病原微生物污染控制技术

4.6.2.1 不得使用传染病死畜禽或腐烂变质的畜禽、鱼类及其下脚料作为饲料原料。

4.6.2.2 饲料在加工过程中，应通过热处理有效去除病原微生物。

4.6.2.3 饲料贮存库必须通风、阴凉、干燥。防止苍蝇、蟑螂等害虫和鼠、猫、鸟类的侵入。

**4.7 药物污染控制**

**4.7.1** 科学合理使用药物

4.7.1.1 饲料卫生符合 GB 13078。

4.7.1.2 饲料和添加剂严格执行《饲料和饲料添加剂管理条例》。

4.7.1.3 执行农业部文件农牧发［2002］1号《食品动物禁用的兽药及其他化合物清单》。

4.7.1.4 执行农业部公告［2002］第176号《禁止在饲料和动物饮水中使用的药物品种目录》。

**4.7.2** 畜禽粪尿中有毒有害物质污染控制技术

4.7.2.1 当粪尿中有毒物质（重金属等）含量超标时，要进行回收，集中处理。避免由于其累积造成对环境的污染。

**4.7.3** 选择适用性广泛、杀菌力和稳定性强、不易挥发、不易变质、不易失效且对人畜危害小，不易在畜产品中残留，对畜禽舍、器具无腐蚀性的消毒剂对场内环境、畜体表面以及设施、器具等进行消毒。

**4.8 畜禽尸体污染控制**

畜禽尸体严格按照 GB 16548 进行处理，不得随意丢弃，更不许作为商品出售。

**4.9 环境监测**

**4.9.1** 对养殖场舍区、场区、缓冲区的生态环境、空气环境以及水环境和接受畜禽粪便和污水的土壤进行定期监测，对环境质量进行定期评价，以便采取相应的措施控制养殖场环境污染事件的发生。

**4.9.2** 对养殖场排放的污水进行监测，掌握污水中各种污染物的浓度、排放量等，为选取适当工艺、技术、设备对其进行处理提供数据依据。对已有污水处理设施的养殖场，要对处理后的出水进行定期监测，以对设备的运行情况进行调节，确保出水达到 GB 18596 的要求。

**4.9.3** 在养殖场排污口设置国家环境保护总局统一规定的排污口标志。

# 附录 4  养殖场环境质量标准

(NY/T 388—1999,1999 年 5 月 6 日批准,1999 年 7 月 1 日实施)

## 1  范围

本标准规定了养殖场必要的空气、生态环境质量标准以及畜禽饮用水的水质标准。

本标准适用于养殖场的环境质量控制、监测、监督、管理、建设项目的评价及养殖场环境质量的评估。

## 2  引用标准

下列标准所包含的条文,通过在本标准中引用而构成为本标准的条文。本标准出版时,所示版本均为有效。所有标准都会被修订,使用本标准的各方应探讨使用下列标准最新版本的可能性。

GB 2930—1982　　　牧草种子检验规程
GB/T 5750—1985　　生活饮用水标准检验法
GB/T 6920—1986　　水质　pH 的测定　玻璃电极法
GB/T 7470—1987　　水质　铅的测定　双硫腙分光光度法
GB/T 7475—1987　　水质　铜、锌、铅、镉的测定　原子吸收分光光谱法
GB/T 7467—1987　　水质　六价铬的测定　二苯碳酰二肼分光光度法
GB/T 7477—1987　　水质　钙和镁总量的测定　EDTA 滴定法
GB/T 13195—1991　 水质　水温的测定　温度计或颠倒温度计测定法
GB/T 14623—1993　 城市区域环境噪声测量方法
GB/T 14688—1993　 空气质量　氨的测定　纳氏试剂比色法
GB/T 14675—1993　 空气质量　恶臭的测定　三点比较式臭袋法
GB/T 15432—1995　 环境空气　总悬浮颗粒物的测定　重量法

## 3  术语

**3.1  养殖场**　按养殖规模,本标准规定:鸡≥5 000 只,母猪存栏≥75 头,牛≥25 头为养殖场,该场应设置有舍区、场区和缓冲区。

**3.2  舍区**　畜禽所处的半封闭的生活区域,即畜禽直接的生活环境区。

**3.3  场区**　规模化养殖场围栏或院墙以内、舍区以外的区域。

**3.4  缓冲区**　在养殖场外周围,沿场院向外≤500m 范围内的畜禽保护区,该区具有保护养殖场免受外界污染的功能。

**3.5  $PM_{10}$**　可吸入颗粒物,空气动力学当量直径≤10μm 的颗粒物。

**3.6  TSP**　总悬浮颗粒物,空气动力学当量直径≤100μm 的颗粒物。

## 4 技术要求

### 4.1 养殖场空气环境质量　养殖场空气环境质量见附表9。

附表9　养殖场空气环境质量

| 序号 | 项目 | 单位 | 缓冲区 | 场区 | 舍区 | | | |
|---|---|---|---|---|---|---|---|---|
| | | | | | 禽舍 | | 猪舍 | 牛舍 |
| | | | | | 雏 | 成 | | |
| 1 | 氨气 | mg/m³ | 2 | 5 | 10 | 15 | 25 | 20 |
| 2 | 硫化氢 | mg/m³ | 1 | 2 | 2 | 10 | 10 | 8 |
| 3 | 二氧化碳 | mg/m³ | 380 | 750 | 1 500 | | 1 500 | 1 500 |
| 4 | $PM_{10}$ | mg/m³ | 0.5 | 1 | 4 | | 1 | 2 |
| 5 | TSP | mg/m³ | 1 | 2 | 8 | | 3 | 4 |
| 6 | 恶臭 | 稀释倍数 | 40 | 50 | 70 | | 70 | 70 |

注：表中数据皆为日均值。

### 4.2 舍区生态环境质量　舍区生态环境质量见附表10。

附表10　舍区生态环境质量

| 序号 | 项目 | 单位 | 禽 | | 猪 | | 牛 |
|---|---|---|---|---|---|---|---|
| | | | 雏 | 成 | 仔 | 成 | |
| 1 | 温度 | ℃ | 21～27 | 10～24 | 27～32 | 11～27 | 10～5 |
| 2 | 湿度（相对） | % | 75 | | 80 | | 80 |
| 3 | 风速 | m/s | 0.5 | 0.8 | 0.4 | 1.0 | 1.0 |
| 4 | 光照度 | lx | 50 | 30 | 50 | 30 | 50 |
| 5 | 细菌 | 个/m³ | 25 000 | | 17 000 | | 20 000 |
| 6 | 噪声 | dB | 60 | 80 | 80 | | 75 |
| 7 | 粪便含水率 | % | 65～75 | | 70～80 | | 65～75 |
| 8 | 粪便清理 | — | 干法 | | 日清粪 | | 日清粪 |

### 4.3 畜禽饮用水质量　畜禽饮用水质量见附表11。

附表11　畜禽饮用水质量

| 序号 | 项目 | 单位 | 自备井 | 地面水 | 自来水 |
|---|---|---|---|---|---|
| 1 | 大肠菌群 | 个/L | 3 | 3 | |
| 2 | 细菌总数 | 个/L | 100 | 200 | |
| 3 | pH | — | 5.5～8.5 | | |
| 4 | 总硬度 | mg/L | 600 | | |
| 5 | 溶解性总固体 | mg/L | 2 000① | | |
| 6 | 铅 | mg/L | Ⅳ类地下水标准 | Ⅳ类地面水标准 | 饮用水标准 |
| 7 | 铬（六价） | mg/L | Ⅳ类地下水标准 | Ⅳ类地面水标准 | 饮用水标准 |

注：①甘肃、青海、新疆和沿海、岛屿地区可放宽到3 000mg/L。

## 5 监测

**5.1 采样** 环境质量各种参数的监测及采样点、采样办法、采样高度及采样频率的要求按《环境监测技术规范》执行。

**5.2 分析方法** 各项污染物的分析方法见附表12。

附表12 各项污染物的分析方法

| 序号 | 项目 | 方法 | 方法来源 |
| --- | --- | --- | --- |
| 1 | 氨气 | 纳氏试剂比色法 | GB/T 14668—1993 |
| 2 | 硫化氢 | 碘量法 | 中国环境监测总站《污染源统一监测分析方法》（废气部分），标准出版社1985年出版 |
| 3 | 二氧化碳 | 滴定法 | 国家环保总局《水和废水监测分析方法》（第3版），中国环境科学出版社1989年出版 |
| 4 | $PM_{10}$ | 重量法 | GB/T 6920—1986 |
| 5 | TSP | 重量法 | GB/T 15432—1995 |
| 6 | 恶臭 | 三点比较式臭袋法 | GB/T 14675—1993 |
| 7 | 温度 | 温度计测定法 | GB/T 13195—1991 |
| 8 | 湿度（相对） | 湿度计测定法 | 国家气象局《地面气象观测规范》，1979 |
| 9 | 风速 | 风速仪测定法 | 国家气象局《地面气象观测规范》，1979 |
| 10 | 照度 | 照度计测定法 | 国家气象局《地面气象观测规范》，1979 |
| 11 | 空气 细菌总数 | 平板法 | GB/T 5750—1985 |
| 12 | 噪声 | 声级计测量法 | GB/T 14623—1993 |
| 13 | 粪便含水率 | 重量法 | 参考GB 2930—1982，暂采用此法，待国家方法标准发布后，执行国家标准 |
| 14 | 大肠菌群 | 多管发酵法 | GB/T 5750—1985 |
| 15 | 水质 细菌总数 | 菌落总数测定 | 《水和废水监测分析方法》（第3版），中国环境科学出版社1989年出版 |
| 16 | pH | 玻璃电极法 | GB/T 6920—1986 |
| 17 | 总硬度 | EDTA滴定法 | GB/T 7477—1987 |
| 18 | 溶解性总固体 | 重量法 | 国家环保总局《水和废水监测分析方法》（第3版），中国环境科学出版社1989年出版 |
| 19 | 铅 | 原子吸收分光光度法<br>双硫腙分光光度法 | GB/T 7475—1987<br>GB/T 7470—1987 |
| 20 | 铬（六价） | 二苯碳酰二肼分光光度法 | GB/T 7467—1987 |

# 附录5 养殖场环境质量及卫生控制规范

（NY/T 1167—2006，2006年7月10日发布，2006年10月1日实施）

## 1 范围

本标准规定了养殖场生态环境质量及卫生指标、空气环境质量及卫生标准、土壤环境质量及卫生指标、饮用水质量及卫生指标和相应的养殖场质量及卫生控制措施。

本标准适用于规模化养殖场的环境质量管理及环境卫生控制。

## 2 引用标准

下列文件中的条款通过本标准的引用而成为本标准的条款。凡是注日期的引用文件，其后所有的修改单（不包括勘误的内容）或修订版均不适用于本标准，然而，鼓励根据本标准达成协议的各方研究是否可使用这些文件的最新版本。凡是不注日期的引用文件，其最新版本适用于本标准。

GB 18596 畜禽养殖业污染物排放标准 GB/T 19525.2 养殖场环境质量评价准则 NY/T 388 养殖场环境质量标准 NY 5027 无公害食品畜禽饮用水水质标准

## 3 术语和定义

下列术语和定义适用于本标准。

**3.1** 养殖场按养殖规模，本标准规定：鸡5 000只，母猪存栏≥75头，牛≥25头为养殖场，该场应设置有舍区、场区和缓冲区。

**3.2** 舍区畜禽所处的半封闭的生活区域，即畜禽直接的生活环境区。

**3.3** 场区养殖场围栏或院墙以内、舍区以外的区域。

**3.4** 缓冲区在养殖场外周围，沿场院向外≤500m范围内的保护区，该区具有保护养殖场免受外界污染的功能。

**3.5** 土壤指养殖场陆地表面能够生长绿色植物的疏松层。

**3.6** 恶臭污染物 指一切刺激嗅觉器官，引起人们不愉快及损害生活环境的气体物质。

**3.7** 环境质量及卫生控制 指为达到环境质量及卫生要求所采取的作业技术和活动。

## 4 养殖场场址的选择和场内区域布局

**4.1** 正确选址 按照国标GB 19525.2的要求对畜禽养殖场环境质量和环境影响进行评价，摸清当地环境质量现状以及畜禽养殖场、养殖小区建成后对当地环境质量将产生的影响。

**4.2** 合理布局 住宅区、生活管理区、生产区、隔离区分开，且依次处于场区常年主导风向的上风向。

## 5 养殖场生态环境质量及卫生控制

**5.1** 养殖场舍区生态环境质量及卫生指标参见NY/T 388。

**5.2** 养殖场舍区生态环境质量及卫生控制措施

**5.2.1** 温度、湿度 在建设畜禽饲养场时，必须保证畜禽舍的保温隔热性能，同时合理设计通风和采光设施，可采用天窗或导风管，使畜禽舍温度、湿度满足上述标准的要求，也可采用喷淋与喷雾等方式降温。

**5.2.2** 风速 畜禽舍采用机械通风或自然通风，通风时保证气流均匀分布，尽量减少通风死角，舍外运动场上盖凉棚，使舍内风速满足养殖场环境质量标准的要求。

**5.2.3** 光照度 安装采光设施或设计天窗，并根据畜种、日龄和生产过程确定合理的光照时间和光照度。

**5.2.4 噪声**

5.2.4.1 正确选址，避免外界干扰；

5.2.4.2 选择、使用性能优良，噪声小的机械设备；

5.2.4.3 在场区、缓冲区植树种草，降低噪声。

**5.2.5 细菌、微生物的控制措施**

5.2.5.1 正确选址，远离细菌污染源；

5.2.5.2 定时通风换气，破坏细菌生存条件；

5.2.5.3 在畜禽舍门口设置消毒池，工作人员进入畜禽舍时必须穿戴消毒过的工作服、鞋、帽等，并通过装有紫外线灯的通道；

5.2.5.4 对舍区、场区环境定期消毒；

5.2.5.5 在疾病传播时，采用隔离、淘汰病畜禽，并进行应急消毒措施，以控制病原的扩散。

# 6 养殖场空气环境质量及卫生控制

6.1 养殖场空气环境质量及卫生指标参见 NY/T 388。

**6.2 养殖场舍内环境质量及卫生控制措施**

**6.2.1 舍内氨气、硫化氢、二氧化碳、恶臭的控制措施**

6.2.1.1 采取固液分离与干清粪工艺相结合的设施，使粪尿、污水及时排出，减少有害气体产生；

6.2.1.2 采取科学的通风换气方法，保证气流均匀，及时排除舍内的有害气体；

6.2.1.3 在粪便、垫料中添加各种具有吸附功能的添加剂，减少有害气体产生；

6.2.1.4 合理搭配日粮和在饲料中使用添加剂，减少有害气体产生。

**6.2.2 舍内总悬浮颗粒物、可吸入颗粒物的控制措施**

6.2.2.1 饲料车间、干草车间远离畜禽舍且处于畜禽舍的下风向；

6.2.2.2 提倡使用颗粒饲料或者拌湿饲料；

6.2.2.3 禁止带畜干扫畜禽舍或刷拭畜禽，翻动垫料要轻，减少尘粒的产生；

6.2.2.4 适当进行通风换气，并在通风口设置过滤帘，保证舍内湿度，及时排出、减少颗粒物及有害气体。

**6.3 养殖场场区、缓冲区空气环境质量及卫生控制措施**

**6.3.1 绿化** 在养殖场的场区、缓冲区内种植环保型的树木、花草，减少尘粒的产生，净化空气。畜禽养殖场绿化覆盖率应在30%以上。

**6.3.2 消毒** 在场门和舍门处设置消毒池，人员和车辆进入时经过消毒池以杀死病原微生物。对工作人员的衣、帽、鞋等经常性的消毒，对圈舍及设备用具进行定期消毒。

# 7 养殖场土壤环境质量及卫生控制

7.1 养殖场土壤环境质量及卫生指标见附表13。

附表13 养殖场土壤环境质量及卫生指标

| 序号 | 项目 | 单位 | 缓冲区 | 场区 | 舍区 |
|---|---|---|---|---|---|
| 1 | 镉 | mg/kg | 0.3 | 0.3 | 0.6 |
| 2 | 砷 | mg/kg | 30 | 25 | 20 |
| 3 | 铜 | mg/kg | 50 | 100 | 100 |
| 4 | 铅 | mg/kg | 250 | 300 | 350 |
| 5 | 铬 | mg/kg | 250 | 300 | 350 |
| 6 | 锌 | mg/kg | 200 | 250 | 300 |
| 7 | 细菌总数 | 万个/g | 1 | 5 | — |
| 8 | 大肠杆菌 | g/L | 2 | 50 | — |

## 7.2 养殖场土壤环境质量及卫生控制措施

**7.2.1 土壤中镉、砷、铜、铅、铬、锌的控制措施**

7.2.1.1 正确选址，使土壤背景值满足养殖场土壤环境质量标准的要求；

7.2.1.2 科学合理选择和使用兽药、饲料，降低土壤中重金属元素的残留。

**7.2.2 土壤中细菌总数、总大肠杆菌的控制措施**

7.2.2.1 避免粪尿、污水排放及运送过程中的跑、冒、滴、漏；

7.2.2.2 采用紫外等方式对排放、运送前的粪尿进行杀菌消毒，避免运输过程微生物污染土壤；

7.2.2.3 粪尿作为有机肥施予场内草、树地前，对其进行无害化处理，且根据植物的不同品种合理掌握使用量；

7.2.2.4 畜禽粪便堆场建在畜禽饲养场内部的，要做好防渗、防漏工作，避免粪污中镉、砷、铜、铅、铬、锌以及各种病原微生物污染场内的土壤环境。

## 8 畜禽饮用水质量及卫生控制

8.1 畜禽饮用水质量及卫生指标参见 NY 5027。

### 8.2 畜禽饮用水质量及卫生控制措施

**8.2.1 自来水** 定期清洗畜禽饮用水传送管道，保证水质传送途中无污染。

**8.2.2 自备井** 应建在养殖场粪便堆放场等污染源的上方和地下水位的上游，水量丰富，水质良好，取水方便，避免在低洼沼泽或容易积水的地方打井。水井附近30m范围内，不得建有渗水的厕所、渗水坑、粪坑、垃圾场等污染源。

**8.2.3 地表水** 地面水是暴露在地表面的水源，受污染的机会多，含有较多的悬浮物和细菌，如果作为畜禽的饮用水，必须进行净化和消毒，使之满足畜禽饮用水水质标准。净化的方法有混凝沉淀法和过滤法；消毒方法有物理消毒法（如煮沸消毒）和化学消毒法（如氯化消毒）。

## 9 监测与评价

9.1 对养殖场的生态环境、空气环境以及接受畜禽粪便和污水的土壤环境和畜禽饮用水进行定期监测，对环境质量现状进行定期评价，及时了解养殖场环境质量及卫生状况，以便采取相应的措施控制养殖场环境质量和卫生。

**9.2** 对养殖场排放的污水进行定期监测，确保出水满足 GB 18596 的要求。

**9.3** 环境质量、环境影响评价　按照 GB/T 19525.2 的要求，根据监测结果，对养殖场的环境质量、环境影响进行定期评价。

**9.4** 在养殖场排污口设置国家环境保护总局统一规定的排污口标志。

**9.5** 监测分析方法　本规范项目的监测分析方法按附表 14 执行。

附表 14　养殖场环境卫生控制规范选配监测分析方法

| 序号 | 项目 | 分析方法 | 方法来源 |
| --- | --- | --- | --- |
| 1 | 温度 | 温度计测定法 | GB/T 13195—1991 |
| 2 | 相对湿度 | 湿度计测定法① | |
| 3 | 风速 | 风速仪测定法① | |
| 4 | 照度 | 照度计测定法① | |
| 5 | 噪声 | 声级计测定法 | GB/T 14623 |
| 6 | 粪便含水率 | 重量法 | GB/T 3543.2—1995 |
| 7 | 氨气 | 纳氏试剂比色法 | GB/T 14668—1993 |
| 8 | 硫化氢 | 碘量法 | GB/T 11060.1—1998 |
| 9 | 二氧化碳 | 滴定法② | |
| 10 | $PM_{10}$ | 重量法 | GB/T 6921—1986 |
| 11 | TSP | 重量法 | GB/T 15432—1995 |
| 12 | 空气　细菌总数 | 沉降法 | GB/T 5750—1985 |
| 13 | 恶臭 | 三点比较式嗅袋法 | GB/T 14675—1993 |
| 14 | 水质　细菌总数 | 平板法 | GB/T 5750—1985 |
| 15 | 水质　大肠杆菌 | 多管发酵法 | GB/T 5750—1985 |
| 16 | pH | 玻璃电极法 | GB/T 6920—1986 |
| 17 | 总硬度 | EDTA 滴定法 | GB/T 7477—1987 |
| 18 | 溶解性总固体 | 重量法 | GB/T 5750—1985 |
| 19 | 铅 | 原子吸收分光光谱法 | GB/T 7475—1987 |
| 20 | 铬（六价） | 二苯碳酰二肼分光光度法 | GB/T 7467—1987 |
| 21 | 生化需氧量 | 稀释与接种法 | GB/T 7488—1987 |
| 22 | 化学需氧量 | 重铬酸钾法 | GB/T 11914—1989 |
| 23 | 溶解氧 | 碘量法 | GB/T 7489—1987 |
| 24 | 蛔虫卵 | 堆肥蛔虫卵检查法 | GB 7959—1987 |
| 25 | 氟化物 | 离子选择电极法 | GB/T 7484—1987 |
| 26 | 总锌 | 原子吸收分光光度法 | GB/T 7475—1987 |
| 27 | 土壤　镉 | 石墨炉原子吸收分光光度法 | GB/T 17141—1997 |

(续)

| 序号 | 项目 | 分析方法 | 方法来源 |
|---|---|---|---|
| 28 | 土壤 砷 | 二乙基二硫代氨基甲酸银分光光度法 | GB/T 17134—1997 |
| 29 | 土壤 铜 | 火焰原子吸收分光光度法 | GB/T 17138—1997 |
| 30 | 土壤 铅 | 石墨炉原子吸收分光光度法 | GB/T 17141—1997 |
| 31 | 土壤 铬 | 火焰原子吸收分光光度法 | GB/T 17137—1997 |
| 32 | 土壤 锌 | 火焰原子吸收分光光度法 | GB/T 17138—1997 |
| 33 | 土壤 细菌总数 | 与水的卫生检验方法相同③ | |
| 34 | 土壤 大肠杆菌 | 与水的卫生检验方法相同③ | |

注：①、②和③暂采用下列方法，待国家标准发布后，执行国家标准。
①养殖场相对湿度、照度、风速的监测分析方法，是结合养殖场环境监测现状，对国家气象局（地面气象观测）（1979）中相关内容进行改进形成的，经过农业部批准并且备案。
②暂采用国家环境保护总局《水和废水监测分析方法》（第三版），中国环境出版社1989年出版。
③土壤中细菌总数、大肠杆菌的检测分析方法与水的卫生检验方法相同，见《环境工程微生物检验手册》，中国环境科学出版社1990年出版。

## 附录6 无公害食品 畜禽饮用水水质（节选）

（NY 5027—2008代替NY 5027—2001，2008年5月16日发布，2008年7月1日实施）

### 1 范围

本标准规定了生产无公害畜禽产品过程中畜禽饮用水水质的要求、检验方法。
本标准适用于生产无公害食品的畜禽饮用水水质的要求。

### 2 规范性引用文件

下列文件中的条款通过本标准的引用而成为本标准的条款。凡是注日期的引用文件，其随后所有的修改单（不包括勘误的内容）或修订版均不适用于本标准，然而，鼓励根据本标准达成协议的各方研究是否可使用这些文件的最新版本。凡是不注日期的引用文件，其最新版本适用于本标准。

    GB/T 5750.2　生活饮用水标准检验方法　水样的采集与保存
    GB/T 5750.4　生活饮用水标准检验方法　感官性状和物理指标
    GB/T 5750.5　生活饮用水标准检验方法　无机非金属指标
    GB/T 5750.6　生活饮用水标准检验方法　金属指标
    GB/T 5750.12　生活饮用水标准检验方法　微生物指标

### 3 要求

畜禽饮用水水质应符合附表15的规定。

附表15 畜禽饮用水水质安全指标

| 项 目 | | 标 准 值 | |
|---|---|---|---|
| | | 畜 | 禽 |
| 感官性状及一般化学指标 | 色 | $\leqslant 30°$ | |
| | 混浊度 | $\leqslant 20°$ | |
| | 臭和味 | 不得有异臭、异味 | |
| | 总硬度（以 $CaCO_3$ 计）（mg/L） | $\leqslant 1\ 500$ | |
| | pH | $5.5\sim 9.0$ | $6.5\sim 8.5$ |
| | 溶解性总固体（mg/L） | $\leqslant 4\ 000$ | $\leqslant 2\ 000$ |
| | 硫酸盐（以 $SO_4^{2-}$ 计）（mg/L） | $\leqslant 500$ | $\leqslant 250$ |
| 细菌学指标 | 总大肠菌群（MPN，每100mL） | 成年畜100，幼畜和禽10 | |
| 毒理学指标 | 氟化物（以 $F^-$ 计）（mg/L） | $\leqslant 2.0$ | $\leqslant 2.0$ |
| | 氰化物（mg/L） | $\geqslant 0.20$ | $\leqslant 0.05$ |
| | 砷（mg/L） | $\leqslant 0.20$ | $\leqslant 0.20$ |
| | 汞（mg/L） | $\leqslant 0.01$ | $\leqslant 0.001$ |
| | 铅（mg/L） | $\leqslant 0.10$ | $\leqslant 0.10$ |
| | 铬（六价）（mg/L） | $\leqslant 0.10$ | $\leqslant 0.05$ |
| | 镉（mg/L） | $\leqslant 0.05$ | $\leqslant 0.01$ |
| | 硝酸盐（以 N 计）（mg/L） | $\leqslant 10.0$ | $\leqslant 3.0$ |

## 附录7 全国部分地区建筑朝向表

全国部分地区建筑朝向见附表16。

附表16 全国部分地区建筑朝向

| 地区 | 最佳朝向 | 适宜朝向 | 不宜朝向 |
|---|---|---|---|
| 北京 | 南偏东或西各30°以内 | 南偏东或西各45°以内 | 北偏西30°~60° |
| 上海 | 南至南偏东15° | 南偏东30°南偏东15° | 北、西北 |
| 石家庄 | 南偏东15° | 南至南偏东30° | 西 |
| 太原 | 南偏东15° | 南偏东至东 | 西北 |
| 呼和浩特 | 南至南偏东、南至南偏西 | 东南、西南 | 北、西北 |
| 哈尔滨 | 南偏东15°~20° | 南偏南至南偏东或西各15° | 西、北、西北 |
| 长春 | 南偏东30°，南偏西15° | 南偏东或西各45 | 北、东北、西北 |
| 沈阳 | 南，南偏东20° | 南偏东至东，南偏西至西 | 东北东至西北西 |
| 济南 | 南，南偏东10°~15° | 南偏东30° | 西偏北5°~10° |
| 南京 | 南偏东15° | 南偏东20°、南偏东10° | 西、北 |
| 合肥 | 南偏东5°~15° | 南偏东15°、南偏西5° | 西 |
| 杭州 | 南偏东10°~15°，北偏东6° | 南、南偏东30° | 西、北 |

(续)

| 地 区 | 最佳朝向 | 适宜朝向 | 不宜朝向 |
|---|---|---|---|
| 福州 | 南，南偏东5°～15° | 南偏东20°以内 | 西 |
| 郑州 | 南偏东15° | 南偏东25° | 西北 |
| 武汉 | 南偏西15° | 南偏东15° | 西、西北 |
| 长沙 | 南偏东9° | 南 | 西、西北 |
| 广州 | 南偏西15°，南偏西5° | 南偏东20°、南偏西5°至西 | |
| 南宁 | 南，南偏东15° | 南、南偏东15°～25°、南偏西5° | 东、西 |
| 西安 | 南偏东10° | 南、南偏西 | 西、西北 |
| 银川 | 南至南偏东23° | 南偏东34°、南偏西20° | 西、北 |
| 西宁 | 南至南偏西30° | 南偏东30°至南偏西30° | 北、西北 |
| 乌鲁木齐 | 南偏东40°，南偏西30° | 东南、东、西 | 北、西北 |
| 成都 | 南偏东45°至南偏西15° | 南偏东45°至东偏北30° | 西、北 |
| 昆明 | 南偏东25°～56° | 东至南至西 | 北偏东或西各35° |
| 拉萨 | 南偏东10°，南偏西5° | 南偏东15°、南偏西10° | 西、北 |
| 厦门 | 南偏东5°～10° | 南偏东22°、南偏西10° | 南偏西25°、西偏北30° |
| 重庆 | 南、南偏东10° | 南偏东15°、南偏西5°、北 | 东、西 |
| 青岛 | 南、南偏东5°～10° | 南偏东15°至南西15° | 西、北 |

# 主要参考文献

蔡长霞.2006.畜禽环境卫生[M].北京:中国农业出版社.
常明雪.2011.畜禽环境卫生[M].北京:中国农业大学出版社.
冯春霞.2001.家畜环境卫生[M].北京:中国农业出版社.
黄涛.2008.畜牧机械[M].北京:中国农业出版社.
李宝林.2001.猪生产[M].北京:中国农业出版社.
李如治.2003.家畜环境卫生学[M].3版.北京:中国农业出版社.
廖新娣.1999.规模化猪舍废水处理与利用技术[M].北京:中国农业出版社.
田立秋.2004.畜禽舍建造与管理7日通[M].北京:中国农业出版社.
王凯军.2004.畜禽养殖污染防治技术与政策[M].北京:化学工业出版社.
王新谋.1997.家畜粪便学[M].上海:上海交通大学出版社.
杨和平.2001.牛羊生产[M].北京:中国农业出版社.
赵化民.2004.畜禽养殖场消毒指南[M].北京:金盾出版社.
赵旭庭.2001.养殖场环境卫生与控制[M].北京:中国农业出版社.
郑翠之.2012.畜禽场设计与畜禽舍环境控制[M].北京:中国农业出版社.

图书在版编目（CIP）数据

养殖场环境卫生与控制/张玲清主编.—2版.—北京：中国农业出版社，2015.11（2024.8重印）
中等职业教育国家规划教材　全国中等职业教育教材审定委员会审定　中等职业教育农业部规划教材
ISBN 978-7-109-20935-0

Ⅰ.①养…　Ⅱ.①张…　Ⅲ.①养殖场－环境卫生－中等专业学校－教材　Ⅳ.①S851.2

中国版本图书馆CIP数据核字（2015）第224339号

中国农业出版社出版
（北京市朝阳区麦子店街18号楼）
（邮政编码100125）
责任编辑　杨金妹　王宏宇

北京通州皇家印刷厂印刷　新华书店北京发行所发行
2001年12月第1版　2016年1月第2版
2024年8月第2版北京第10次印刷

开本：787mm×1092mm 1/16　印张：10.75
字数：245千字
定价：32.00元

（凡本版图书出现印刷、装订错误，请向出版社发行部调换）